U0035723

AQUARIUS

AQUARIUS

AQUARIUS

AQUARIUS

Catcher

一如《麥田捕手》的主角，
我們站在危險的崖邊，
抓住每一個跑向懸崖的孩子。
Catcher，是對孩子的一生守護。

新聞中的科學5
指考搶分祕技

聯合報教育版‧策劃撰文

目錄

目錄

1

強棒靠甜蜜點 聚能轟出全壘打

全壘打
解析

◎楊正敏

1

棒球要擊出既深又遠的球，除了球技外，打擊點、球棒重量、材質，甚至是球員的體重，都是影響因素。

奧運棒球預賽打得如火如荼，中華隊少了幾支強棒，打擊無法發揮，全壘打少得可憐，這固然跟球員的技術有密切關係，但也可以從科學觀點分析球與球棒在全壘打中扮演的角色，就更能了解為什麼選手大棒一揮，就能讓球飛出全壘打牆外。

喜歡看棒球比賽的人都聽過「甜蜜點」，其實不只棒球，只要跟揮擊有關的運動器材，都有所謂的甜蜜點，網球、羽球、桌球拍，甚至高爾夫球桿上也有。

距棒頭15公分　稱甜蜜區

甜蜜點又稱為甜區，位置因球棒的不同會有些微的差異，但大概都差不多，約為距離棒頭15公分處，很多製造商會把商標印在甜區上。

甜蜜點包含三個定義的區域：

強力中心：擊球後產生最高速球的位置。

碰撞中心：擊球時握把無撞擊感的位置。

節點：擊球後握把無振動感的位置。

擊球振動　耗能且傷手

台北體育學院運動器材科技研究所助理教授劉強說，甜蜜點與器材的形狀、比重材質有關，理論上，揮擊時擊中甜蜜點，可以有效擊球，能量損失最小，運動員手受到的振動和撞擊感最小。

劉強說，球棒最主要的功能，就是把打擊的能量傳到球上。擊球時會有振動，能量的傳導就會損失，導致軟弱的揮擊，且由手吸收部

分能量，造成刺痛感，不舒服，也無法有效的把揮擊的能量都傳到球上，讓球飛得高遠。

　　偶爾看到打擊者擊到球後，甩手或捏手，其實就是沒有打到甜區，球棒的振動造成不適。

　　若擊球時可以擊中有振動的節點，就不會有振動產生，但若球擊中的位置靠近振動最大的「振動負節」，會產生最大的振動，振動的能量與振幅的平方成正比，振幅增加兩倍。

　　因為振動會造成能量損失，擊在距棒頭15公分左右、振動較少的區域上，可以將能量轉到球棒上，效果較好。球棒不是規則的幾何物體，很難計算某一特定球棒的振動特性，更難找出可以適用於所有球棒的處理方式。

揮棒時　兩次能量轉移

　　球棒與球發生撞擊的時間大約僅0.001秒，揮棒動作可分為兩部分，一個是將能量從身體轉移至球棒的複雜生理動作；另一是將能量從球棒轉移至球上的過程。

　　假設一顆棒球重5.125盎司（約145.29公克）以時速145公里飛來，打擊者要把球改變成以177公里的速度飛向球場的中外野看台，這樣的動作需要極大的力量，可能要有超過3600焦耳的能量，因此也會有相同的反作用力作用到球棒上。

　　這些力量扭曲了球棒和球，球會壓縮至原來直徑的一半左右，球棒壓縮約五十分之一。球棒與球的撞擊為非彈性撞擊，有部分能量因摩擦形成熱能而散失。

　　球棒施力在球上時，球會被壓縮，當球回復原有形狀時，也施加

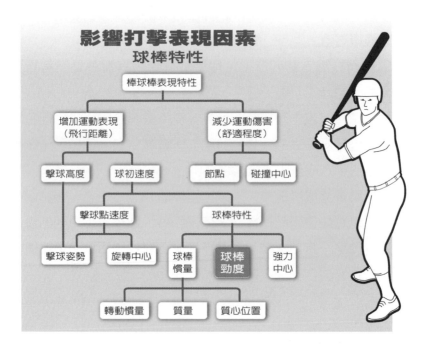

影響打擊表現因素
球棒特性

```
                    棒球棒表現特性
                 ┌──────────┴──────────┐
          增加運動表現              減少運動傷害
          （飛行距離）              （舒適程度）
        ┌──────┴──────┐          ┌──────┴──────┐
     擊球高度      球初速度        節點        碰撞中心
              ┌──────┴──────┐
           擊球點速度         球棒特性
        ┌──────┴──────┐   ┌────┬────┴────┐
     擊球姿勢   旋轉中心  球棒    球棒    強力
                        慣量    勁度    中心
                    ┌────┼────┐
                 轉動慣量  質量  質心位置
```

作用力在棒子上，這種力量的回彈會將球推離球棒。

恢復係數大　飛遠就靠它

　　能不能打出又高又遠的全壘打，球的「恢復係數」也很重要。劉強說，恢復係數是擊球前的球速，與擊球後球速的比值，也就是投手的球速與飛行速度的比值，恢復係數大的球，飛得比較遠，因此球的彈性係數在正式的比賽中也有明確的規定。

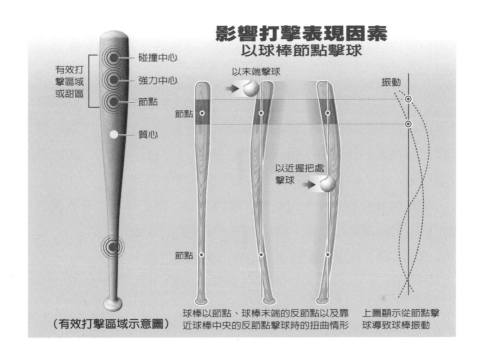

影響打擊表現因素
以球棒節點擊球

碰撞中心
強力中心
節點
有效打擊區域或甜區
質心

以末端擊球
節點
振動

以近握把處擊球

節點

（有效打擊區域示意圖）

球棒以節點、球棒末端的反節點以及靠近球棒中央的反節點擊球時的扭曲情形

上圖顯示從節點擊球導致球棒振動

1

 ## 不是球棒都一樣

強球配重棒……打擊勝算多！

　　依據力學的基本原理，在一定的揮棒速度下，較重的球棒會比較輕的球棒使球飛得更遠。 洋基傳奇球員貝比魯斯用的球棒重達56盎司（約1.59公斤），較重、較大的球棒，有較長、較大的棒身，可以有更好的擊球區域，也可移轉較高的速度到球上。

　　但相反的，假設沒有球員能將較重的球棒揮得比較輕的球棒快，

且和較重的球棒相比，沒有球員能轉移更多的能量到較輕的球棒上，這時給球棒一個既定的運動能量，較輕的球棒會比重的球棒使球飛得更遠。

什麼樣的球員該用什麼樣的球棒，比標準的擊球模式要複雜許多，體委會與台北體院合作成立的國家棒球研究發展中心，以科學方法試圖為台灣的棒球選手找出適合的球棒，提升打擊表現，2006年的杜哈亞運，中華棒球隊因此有不凡的表現，拿下金牌。

球員用多重的球棒，可以把球擊得多遠，還跟球員本身的體重有關；使用相同重量的球棒，體重較重的球員能把球擊得更遠。

但如果碰上球速慢的投手，球棒重量應隨之減少。

科學知識家
強力打者 楓木棒愛用者

民國98年6月22日，中華職棒兄弟象隊投手吳保賢被斷棒擊中後腦勺，當場昏倒送醫觀察；無獨有偶，兩天以後，美國大聯盟皇家隊與洛磯隊比賽時，主審也被斷棒打中，當場頭破血流。

根據棒球規則，球棒最粗部分直徑不得大於7公分，長度不得長於106.7公分，球棒由一根堅實的木材製成。球棒的末端可以有凹槽，深度須在2.5公分內，寬度必須5.1到2.5公分之間。握柄位置不得超過棒端45.7公分。 正式比賽用的球棒不能填充其他材質，也不能用木頭接合，雖然市面上還是可以買得到填充棒、木片接合棒、竹棒等，但只能用於練習，或者是供民眾自組非正式的球隊使用。

擊球是一個「動力鍊」的過程

台北體院運動器材科技研究所助理教授劉強說，擊球是一個「動力鍊」的過程。雖然球棒主要是靠手腕揮擊，但是打擊這個旋轉的動作，能量會從下半身開始傳導，傳到腰、上半身、肩膀，再帶動手臂和手腕，把能量送到球棒上，揮擊出去。

劉強說，常聽到擊球的位置，是指球棒與球接觸的地方，擊到球重心下方約0.5吋的地方，振動少，能量損失也最少。

優秀的打擊者可以利用不同的動作，掌握精確時機擊球，將最大的能量轉移到球棒上。

前棒球經紀人鍾孟文說，有些職棒球員會依當天投手球速快慢選

台北體育學院運動器材科技研究所助理教授劉強說，斷棒的原因很多，跟材質有一定的關係，目前常用來做木棒的有楓木、白樺木，美國大聯盟的球棒，80％都是白樺木製成。

楓木密度高、質地堅硬；白樺木木理直通，易加工。劉強說，同樣體積外型設計的球棒，楓木棒會比較重。在不考慮其他條件下，球棒越重，重力加速度的結果，擊到的球當然會飛得比較遠，不少美國大聯盟強力打者是楓木棒愛用者，最著名的就是全壘打王邦茲。

球棒會斷裂的原因很多，劉強指出，球棒上的紋路必須筆直，若往外斜出的紋路較多，就比較容易斷。 另外，球擊到較細的部分，例如握把處，本身就較脆弱，也容易形成斷棒。

前運動經紀人鍾孟文說，球棒打到球的瞬間，彼此力量相反，球棒會出現肉眼看不見的彎度，彈性也到了極限，當超出極限時，球棒就會斷掉。 鍾孟文說，球棒用久出現疲勞現象，也會造成斷棒。

擇球棒；而一般強力型的選手會喜歡較重的球棒。

　　劉強指出，除了注意球棒的重量之外，球棒的質心，就是重心，會影響球棒的質量分布狀況，若質心位置比較靠近握把，質量分布會比較靠近握把，減輕轉動慣量與揮棒的力量；反之若質心靠近球棒頂端，會增加轉動慣量與揮棒的力量。

　　轉動慣量與球棒的質量和旋轉半徑有關，是影響轉動程度的物理量，轉動慣量小，球棒容易揮動；反之揮棒速度會降低。

　　有些體型小、安打型的打者，或面對速球派投手時，會選擇凹頭型的球棒，改變球棒的質心，減少轉動慣量以提升揮棒速度。

必學單字大閱兵

bat 球棒	node 節點
ash 白梣木	coefficient of restitution 恢復係數
maple 楓木	vibration 振動
sweet point 甜蜜點	

chapter 2

泳將科技衣 減阻學沙魚

沙魚衣

◎郭錦萍

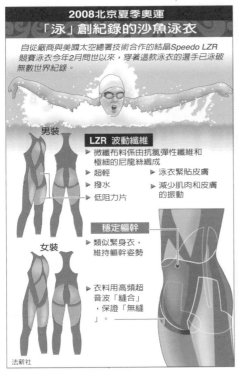

2008北京夏季奧運
「泳」創紀錄的沙魚泳衣

自從廠商與美國太空總署技術合作的結晶Speedo LZR 競賽泳衣今年2月間世以來，穿著這款泳衣的選手已泳破無數世界紀錄。

男裝

LZR 波動纖維

▶ 微纖布料係由抗氯彈性纖維和極細的尼龍絲織成
▶ 超輕
▶ 撥水
▶ 低阻力片
▶ 泳衣緊貼皮膚
▶ 減少肌肉和皮膚的振動

穩定軀幹

▶ 類似緊身衣，維持軀幹姿勢

女裝

▶ 衣料用高頻超音波「縫合」，保證「無縫」。

法新社

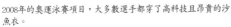

2008年的奧運泳賽項目，大多數選手都穿了高科技且昂貴的沙魚衣。

圖片來源／路透社

2008年北京的奧運比賽，游泳池畔除了各方矚目的美國選手費爾普斯（Michael Phelps）能否創下史無前例的一屆拿八金紀錄以外，另一個眾人矚目的焦點是，專門為費爾普斯量身訂做的沙魚衣，這次已經演化到第四代了，大家都在看能否把人類的游泳速度再往前推進呢？

沙魚衣何以能讓世界級選手不斷刷新紀錄？

　　成功大學系統及船舶機電工程學系副教授陳政宏說，如果選手要游得快，第一種方法是增加推進力、第二種是減少阻力，對頂尖選手來說，推進技術可能都已達極完美地步，能改善的空間有限，所以若能在減少阻力上比別人多一分，哪怕只快了0.01秒，可能就是一面金牌之遙。

　　沙魚衣就是為了減少阻力而研發。陳政宏形容，這個產品也是學界仿生流體學上極佳的應用範例。

沙魚皮結構　很特別

　　陳政宏指出，很早就有生物學家觀察到，那些游泳效率極佳的魚類、鯨豚類的皮膚很特別。

　　其中，沙魚皮又和鯨豚類的表皮，有著截然不同的結構。　他表示，任何流體和物體的接觸面上，都會形成「邊界層」，游泳時，水流經人體時會形成有黏滯傾向的邊界層，且在離開人體時產生擾動尾流，尾流處的壓力要比物體前端低得多，因此在物體運動的反向會出

現阻力。

這類壓力阻力的大小與物體形狀有關,若是流線型,流體和物體的剝離點會推到物體的較後方,阻力也會降低。

所以同樣是汽車,更為流線的跑車因阻力小,行進的速度就比房車快得多。

表面粗糙 紊流減阻

但如果是物體的外型無法改變時,將物體表面粗糙化,能讓流體形成小型紊流,從而讓邊界層剝離點延後發生,以達到減阻的效果。

陳政宏強調,粗糙的表面雖然會導致摩擦阻力的增加,若是適當大小和排列的粗糙,會改變流體間紊性邊界層的結構,及亂流的速度、分布,若兩者相減則利大於弊,那麼其粗糙程度是可以被接受的。

在顯微鏡下,沙魚的皮膚上就像有層層相疊的小盾牌,形成綿密的 V 字形微壕溝(riblets)。陳政宏說,就是這些壕溝,改變紊性邊界層原有的結構與速度分布,讓沙魚可以在水中快速移動。

微壕溝 可改變速度

沙魚衣的織法就是模仿這種微壕溝,不過因為它是奈米級的結構,若表面被刮傷,就會破壞原來的效能,這也是為何沙魚衣穿三、五次後,減阻效果就會下降的原因。 運動項目中,將表面粗糙化以改變紊性邊界層的例子,還包括高爾夫球和棒球。

A咖穿才有效 但5次就失效

沙魚衣這八年來橫掃國際泳壇，像中國代表隊今年也在奧運賽前夕，臨時決定部分原本穿耐吉（NIKE）泳衣的選手要改用沙魚衣應戰，連日本的自行車選手都宣布要穿沙魚衣比賽，理由是若它能在水中減少阻力，在空氣中應該也有相同效能。

台灣新灃資源股份有限公司（SPEEDO）指出，沙魚衣是由英國的母公司生產，研發過程還和美國太空總署合作，在風洞研究室中測試了數百種纖維。但實際的應用實驗則是和澳洲國家游泳代表隊合作。

詳細內容仍是機密

新灃人員表示，雖然沙魚衣面世已有八年，外界也大致了解沙魚衣減少阻力的原理，但詳細內容仍是極機密。

沙魚衣也許很神奇，但想要穿上身，可是麻煩透頂。

要穿得靠別人幫忙

新灃指出，因為沙魚衣沒有車縫，正確穿上後衣服和身體間沒有任何空氣，所以這件泳衣無法自己穿，必須由他人幫忙，但就算有人一起出力，也要花半小時才能穿好，因為穿的時候要一邊拉、一邊推出空氣。

競速用的沙魚衣每件售價2.3萬至3萬元台幣不等，視功能而異。而且它的最佳減阻力效能，大約只有下水後的三至五次。 成功大學系統及船舶機電工程學系副教授陳政宏表示，沙魚衣這種高科技的產物，對泳技差的人是沒有用的，一般人想游得快，穿什麼泳衣根本沒差，還是先改善推進效率比較有用。

根據SPEEDO所公布的資料。沙魚衣的素材表面約75％有做魚鱗狀特殊處理，有加工處理部位會讓和身體接觸的水流產生縱漩渦，再加上素材本身組織溝槽中產生的小漩渦，雙重作用會讓表面摩擦阻力減少3％。

破世界紀錄就靠它

自從沙魚衣首次在雪梨奧運出現以來，穿它的選手已打破四十多個世界紀錄。從今年奧運的電視轉播，可以看到泳賽的選手大半都穿了它。最受注目的美國選手費爾普斯所用的沙魚衣，件件都是為他量身訂做，且無限量供應。台灣因為沒有頂尖選手，所以沒人穿，而且有錢也買不到。

科學知識家
機器魚間諜 欺敵新祕方

魚類的游泳或推進效率遠高於人類或船舶，想解開這些本事奧

祕的研究單位不在少數。成功大學副教授陳政宏表示，仿生工程學也是近年才開始有較多人投入的領域，像美國國防部很早就熱中於研發機器魚，沙魚衣也是其中之一，不過其他進展大多數還是在實驗室階段。

以沙魚為例，沙魚衣模仿沙魚皮膚上鱗片的排列，展現極佳的減阻作用，就有研究人員將同樣的結構放入船舶蒙皮，希望能讓船的行進速度變快，但實驗後發現問題重重。

因為實際在河海航行船隻的外殼容易被貝類寄生，也常容易有刮痕，這些都會讓仿沙魚結構的減阻效果大打折扣，但這些問題至今仍沒有找到好的解決方案。

陳政宏指出，現在和魚類的相關工程研究多數是著重在模仿魚類的擺尾運動方式，但應用的目的不少是出乎外界想像。

例如美國海軍的機器魚研究，是想應用在軍事情蒐，就現在公布的資料，機器魚幾可亂真，可神不知鬼不覺潛近敵船甚至是軍港區做調查。

日本的商業機構也研發了很先進的機器魚，不過他們說是要做成瀕危或已消失魚類的樣子放入水族館，後人就可以知道這些祖先魚是長什麼樣子。

模仿魚潛行　游更快

奧運選手師法魚類也有不少前例，如幾年前有選手發現如大型魚類那樣潛行的效率比在水面用手腳撥水更好，所以入水後游了40公尺才出水換氣，因這招太強了，逼得國際泳會下令，比賽時潛水最長只能15公尺。

魚類在行進過程中施於外界的力產生的機械能，可以循環利用。也就是說，牠們釋出的能量，會在運動過程的特定階段，儲存或保留下來，到下一階段再利用，因而減少能量浪費。

魚的推進，看起來大多是不能直接前進的側向力，乍看好像很沒效率，但實際測試會發現，這種方式可增加運動穩定性及操控性。有人應用在小船上，就發現效率比渦輪馬達好。

競速抗阻

跟著前進 省力勝算大

2

在運動場上，尤其是競速項目，從物理學觀點看，比的就是突破摩擦阻力的能耐。

摩擦阻力與流體的層流或擾流有關，流場的亂度越大則阻力越小，移動的物體後方一定會出現擾流，因此跟在移動物體後面前進，較為省力。

這也是為什麼，在自行車團體賽時，同隊的四輛單車不會並肩騎，而是尾隨而行，且要不時換領隊，因為帶頭的車手會先碰到未受擾動的空氣層流，阻力較大也較費力，尾隨的車手，則可以享用前車所造成的擾動，省力前行。

馬拉松比賽也有類似的情形，選手都會跑成一群一群，高手一定會跟在領先團裡，但由別人帶頭去擾動氣流，就是為了借力省力，到

最後階段再衝刺。

　　另外，在高台跳水比賽時，池中的水流一定是持續擾動，絕對不會是平靜無波，這是為了要讓選手入水時的阻力變小，也讓出現閃失時，減少人體因大面積著水時阻力過大，對選手造成嚴重傷害。

棒球的紊性跡流

A、B是氣流沿著棒球縫線發生邊界層剝離現象。A處的表面流場是向下游移，增加了邊界層裡流體動量，延遲了剝離現象的發生。B處則因球的下表面流場是向上游移，減低了邊界層裡流體動量，導致剝離現象較早發生。在二處流場交互作用下，造成偏向下方的紊性跡流，棒球會因此得到空氣施予的向上作用力。

氣流方向

球行進方向

A

B

資料來源／維基百科

必學單字大閱兵

riblets 微壕溝
drag 拖行
friction 摩擦力
ribbed 有稜紋的

aerodynamic 空氣動力
turbulence 紊流、亂流
boundary layer 邊界層

chapter 3

古今象不像　同屬「真象」

長毛象解謎

◎程嘉文、高國珍

一群美國科學家準備建立非洲象的DNA資料庫，以搶救數量逐漸減少的非洲象。

一萬多年前的長毛象最近到台北展出，吸引數十萬人參觀，很多人去到那裡時，可能會有個疑問：現代的象不論哪個種類，外觀都很像，為什麼古時候的象，和現代象差這麼多？

亞洲象　是牠的兄弟

　　大象是目前陸地上最大的哺乳類動物，在生物學上獨立稱為「長鼻目」（Proboscidea），不過該目動物現今存活於世的只有一個「真象科」（Elephantidae），其下又分非洲象與亞洲象。

　　長毛象（猛獁象，Mammoth）跟非洲象、亞洲象一樣屬真象科，是現代象的近親。

　　真象科約在300至400萬年前出現，根據三種象的遺傳性狀比較，科學家認為非洲象最先分化出來，其次才分出亞洲象與猛獁象。

　　也就是說，亞洲象與長毛象的「親等」，比牠們和非洲象的關係更接近。

　　長鼻目動物從五千萬年前的始祖象開始，衍生出的幾個主要特色包括發達的長鼻子與長牙作為工具，另外還有漸次長出、「一顆用完換一顆」的臼齒，以因應大量嚼食植物的需要。

長鼻目　人丁凋零

　　除了真象科之外，長鼻目底下有另外三個科，包括下顎有長牙（現代象的長牙是上門齒）的恐象、上下顎各長有一對長牙的鏟齒象等，但都早在原始人類出現之前就已經滅絕。比起老鼠等齧齒目現在還有2000到3000種生存，一共只剩兩種的長鼻目動物，稱得上是

「人」丁單薄。

現生動物經常體型有越大、種類與數量越少的問題，國立自然科學博物館研究員張鈞翔指出，體積大的動物具有自保性強、不容易出現天敵等優點，但不可避免地也會出現繁衍後代能力不如小型動物的問題。

例如大象的懷孕期長達22至24個月，每胎只能生一到兩隻。因此一旦遭逢自然環境出現巨大變化，適應與「轉型」的能力往往反而不及小型動物。

台灣島　猛獁象曾來過

兩種現代象只分布在南亞與非洲莽原等炎熱地區，不過猛獁象因為身披長毛，因此活動範圍比現代象要廣得多，尤其在冰河時期，包括台灣在內，也都有猛獁象的分布。

科學家相信，溫帶地區的猛獁象，毛髮應該沒有寒帶地區那麼厚重密集，但今天只能挖掘到溫帶猛獁象的骨骼化石，不像寒帶的長毛猛獁象還能挖掘到毛皮與肌肉殘留，因此也只能停留在「合理推論」階段。

一身毛　小耳牙超彎

外型上除了長毛之外，猛獁象的特色是因為生活在較冷地區，沒有散熱需求，所以耳朵比亞洲象與非洲象小得多，象牙比現代象更長也更彎，頭骨內還有空腔可以儲存脂肪以禦寒。

另外，亞洲象與猛獁象的頭部曲線較高，非洲象的頭部相對較為

	猛獁象	亞洲象	非洲象
體重	4~6噸	2~5.5噸	4~7噸
肩高	2.75~3.4公尺	2~3.5公尺	3~4公尺
背形	傾斜	拱形	鞍形
體毛	濃密	稀疏	非常稀疏
頭部	高拱形	雙瘤形	低拱形
耳朵	小	中	大
象牙	上彎且內捲	上彎，雌象不外露	上彎
鼻端	一個指形突起	一個指狀突起	兩個指狀突起
尾巴	短	長	長

資料來源／長毛象特展　　　　　　　　　　　　　　　　　製表／程嘉文

【閱讀小祕書】

冰原歷險記 不可能的邂逅

　　賣座動畫電影《冰原歷險記》中，出現了長毛象蠻尼、劍齒虎狄亞哥以及樹懶喜德，當中有沒有其實不可能相遇的動物呢？

　　科博館的古生物學家張鈞翔表示，卡通可能為了畫風、劇情，討小朋友開心去製作，所以其實也不必太嚴格看待，不過這部片中的確有不

平坦；象鼻的末端，非洲象有兩個指狀突起，亞洲象與猛獁象都只有背（前）側面一個指狀突起，可以看出亞洲象與猛獁象關係較近、非洲象反而較遠。

從考古發掘判定，長毛猛象大約在距今一萬年前滅絕，少數地區的猛獁象一直到距今四千年前才消失。

怎滅絕 冰河或捕殺

長毛象滅絕的原因至今一直沒有定論，最常被提出的說法是冰河期結束，導致長毛象的生存空間大減，也可能出現大規模疾病，導致族群滅絕。

另外長毛象是少數跟人類有過接觸的史前動物，許多史前人類的文明遺址中，亦曾經發現過有宰殺痕跡的象骨，因此也有學者認為人類的捕殺也是原因之一。

張鈞翔認為，不大可能有任何單一理由可以涵括所有猛獁象的滅

可能相遇的動物同時出現了！

例如《冰原歷險記》第一集中，出現現代鳥類，但那個時代是沒有現代鳥類的。第二集動物們大遷徙時，出現外形像現代的烏龜、身上有盔甲的雕齒獸，但牠們是生活在南美洲，電影雖沒強調故事地點，但既然有冰原，也不會是在南美洲。

樹獺也是南美洲動物，張鈞翔說，除非動畫設定是南、北美洲動物互相遷徙，才能解釋上述兩種南美洲動物的出現。

亡，重要的是藉著研究猛獁象，現代人類應該學習珍惜環境，面對亞洲象與非洲象時，不要趕盡殺絕。

猛獁 曾被誤當大老鼠

由於猛獁象比起恐龍等史前動物，在地球生物發展史上，算是非

科學知識家
猜年紀 看臼齒 牠是爺爺或弟弟

長毛象與其他化石最大的不同，是它們還「連皮帶肉」，讓科學家得以能確認長毛象的外形，及生存的年代。

由化石鑑定出土動物年代，主要有三種觀察法：地層年代、古地磁學及牙齒形狀。台中科學博物館古生物學門助理研究員張鈞翔表示，若只有化石標本，通常只能鑑定相對年代，要測知精確的絕對年代，有一定難度。

張鈞翔指出，化石的形成是動物死亡後，在自然情況下腐爛，身體堅硬部分如骨頭、牙齒腐爛速度慢，若剛好被泥土埋住，粉塵覆蓋越來越厚，泥土當中的無機成分會滲透到骨頭裡面，置換骨頭當中的有機質，整個過程稱為「石化」。

第一種地層年代測定法，是由於化石從地層中被挖掘出來，每一個年代的地層有其沉積特色，由其上下、附近、相對的地層，來判

常接近現代的「年輕」物種，因此牠的化石還算常見。早在古希臘時代，就已有相關記載，但當時人不知道是象骨，反而因為頭骨上巨大的鼻孔，誤以為是「獨眼巨人」。

　　至於在寒冷的西伯利亞，人類自古以來就知道從凍土層中會「冒出」冰封的長毛象屍體，還經常吸引野狼等肉食動物大啃「幾萬年前的冷凍肉品」。不過古人卻誤以為牠們是一種潛藏於地下的大老鼠，

斷年代範圍。張鈞翔表示，例如長毛象被發現的永凍層，於冰河期存在，最後一次冰河期結束，距今一萬多年都還沒融解，故能大致推估約是此化石存在時間為一萬多年前，這只是相對年代測定。

　　若要測定絕對年代，一般由碳14定年比較準確。張鈞翔表示，在目前考古研究中，僅4萬年內的化石可用此方法，所以兩億年前存在的恐龍就無法測，且化石中一定要含有碳，若沒有也無法測得。

　　第二種為古地磁學，因地球南北極每隔幾萬年，其兩極方向，會慢慢轉向，故可在化石挖掘地做古地質測定，與第一種地層年代測定法互相對照，以求縮小化石存在年代範圍。

　　第三種是由牙齒形狀來判斷年代。張鈞翔表示，大象的牙齒由齒板（plate）組成，琺瑯質看起來像洗衣板般凹凸。以大象從始祖象至今的演化趨勢看來，齒板越密，表示進化程度越高，也可增加牙齒使用年限。在測定年代上，專看第三顆、即最裡面的臼齒，因為那是成年象才有；發育成熟的個體，才有存在年代測定的意義。

　　由於象的臼齒是一顆接一顆，前面的磨損殆盡後面再長出來，因此看牙齒排列也可得知年齡。

一旦見光就會死亡，這也是「猛獁」一詞的來源，原意為「地下潛藏者」或「鼴鼠」。

在我國，西晉末年的《神異經》也寫道：「北方層冰萬里，厚百丈，有磎鼠在冰下土中焉。其型如鼠，食冰下草木。肉重萬斤，可以為脯，食之已熱。其毛長八尺，可以為褥，臥之卻寒。其皮可以蒙鼓，其聲聞千里。」這一段文字除了象肉不會自動加熱外，大致符合事實，應是北方游牧民族見聞，被中原人士記載。

近代的歐洲人終於搞清楚這些從地底掘出來的古代長毛怪物其實就是大象。

十八、十九世紀之交，法國解剖學家居維葉（Georges Cuvier）才推定牠們是一種已經絕跡的古代大象，生活在寒帶地區。

冰封長毛象的真相

受到小說與漫畫的影響，許多人以為冰封長毛象就是一頭樣貌與生前完全相同的象被「鑲」在冰塊裡面，跟被琥珀封住的昆蟲一樣。實際上這次來台展出的兩頭長毛象化石，「尤卡基爾」包括象頭、象牙與前腿，「歐米亞空」包括頭肩部，離「整隻」都還有一段距離，但已算是現今保存最佳的冰封長毛象之一。

為什麼不容易出現「完全完整」的長毛象？國立台灣博物館助理研究員林俊聰指出，長毛象未必是死後第一時間就被凍土包覆，因此屍體可能已先腐壞，而且很多象是露出地面才被發現，軟組織常因溫度升高而腐敗，或者被野獸吃掉。

而且冰封象一由地下掘出，就必須永遠維持在嚴格的溫濕度控制下，溫度高了會腐壞，濕度太低又會乾枯。

例如1977年在西伯利亞曾挖到一頭幾乎完整的幼年象「狄瑪」（Dim），2007年5月又挖到一頭號稱只有尾部缺損的幼象，但是相對於「溼保存」的尤卡基爾與歐米亞空，牠們的狀況卻比較接近乾枯的「木乃伊」。

　　因此，到底哪個是「最完整」的長毛象化石？其實沒有定論。

必學單字大閱兵

mammoth 長毛象：龐大的　　　　extinction 滅絕、絕種
mammiferous 哺乳類的　　　　　animation 動畫
fossil 化石

chapter 4

觸媒分解 氫電車上路

氫燃解謎

◎郭錦萍、楊正敏

日本本田汽車生產的零污染氫燃料電池車——FCX Clarity上個月中旬在美國加州上市，這部四人座環保車靠燃料電池運轉，只排放水蒸氣，潔美李寇帝斯等好萊塢明星已搶先訂購。

科學知識家
新工業革命 從氫開始

美國學者勞溫斯曾在他的著作《自然資本論》中預言，下次工業革命將從氫能源開始，現在，革命已經展開。

油價高漲衝擊全球經濟，節能減碳逐漸成為人類必要的存活手段，各國汽車製造商近來都急著把以前當成備案的氫燃料電池車，重新翻出來加速研發，很多人終於體會到，不會產生溫室氣體的氫能源才是人類永恆依靠。

氫燃料　不需內燃機

這款氫能環保車沒有傳統的內燃機引擎，只靠馬達驅動，動力來源來自於燃料電池，車內的油箱也換成高壓氫氣儲存槽，作為電池產電的燃料。

為了降低車子對汽油的依賴，發展各式各樣節能環保的電動車，早就是各車廠的研發目標，但是傳統電池體積大，效能不足，無法滿足長途行駛的要求，豐田汽車等車廠於是開發出油電複合動力車，引擎和馬達間可以自動切換，滿足使用者對汽車爆發力與續航力的雙動需求。

加滿氫　可跑450公里

油價屢創新高，暖化的威脅與日俱增，油電複合動力車需要再升

汽車使用氫燃料電池，是利用氫和氧的化學反應，它所產生的只是電、熱和水蒸氣，唯一副產品就是水，水又是氫的原料，整個過程是可循環且不傷害環境。

燃料電池車的氫，可從天然氣中得到，也可透過太陽能、細菌分解農作物和有機廢水中得到。和其他現有燃料最大不同，是氫燃料可再生和重複利用，海、湖、河都是礦源。

此外，使用氫燃料因過程完全不涉及燃燒，無機械損耗，比蒸氣機、內燃機能量轉換效率高。

世界各國已經有不少公車使用氫燃料。

級，利用體積小、效能高的燃料電池開發電動車，其中又以無污染的氫燃料電池最受青睞。

　　本田的氫燃料電動車搭載的是質子交換膜電池組，燃料是壓縮氫氣，車上加滿氫可達到一百五十公升，可行駛四百五十公里。

　　使用純氫為能源的最大好處是，能跟空氣中的氧產生水蒸氣排出，有減少其他燃油汽車造成的空氣污染問題。

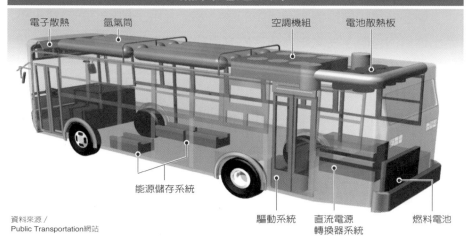

燃料電池公車

電子散熱　氫氣筒　　　　　　　　　空調機組　電池散熱板

能源儲存系統

資料來源 /
Public Transportation網站

驅動系統　直流電源　　　燃料電池
　　　　　轉換器系統

零污染　巴士最適合

　　除了自用車外，台北科技大學車輛工程系教授吳浴沂說，市區行駛的巴士非常適合發展成為燃料電池電動車，巴士承載量大，除了可以載較多的燃料外，由於路線固定，不會受到沒有燃料，無處可加的窘境，更能減少排放，降低市區內的污染。

　　目前最普遍的燃料電池就是質子交換膜燃料電池，元智大學機械系助理教授鐘國濱說，燃料電池是一種發電裝置，但不像一般非充電電池一樣用完就丟棄，也不像充電電池一樣，用完後須繼續充電，而是繼續添加燃料維持基本電力。

城市電磁波　干擾雷偵測

　　台電電力綜合研究所副所長劉志放說，落雷偵測點大多在偏遠的

山區，因為城市裡面只要是車子發動，都會產生電磁波，產生雜訊。

偵測站是用電線偵測空氣中的電磁波，利用三角定位的方式，確定出落雷的位置。台電綜合研究所高壓研究室主任彭士開指出，台灣每年落雷的次數不一定，少則7、8萬次，多則上達20萬次，有75％的閃電強度在40千安培以下。

電影《回到未來》中，曾經利用閃電的強大電流，與放射性元素產生相當的巨大能量，把人送回未來，未來是否可能搜集閃電，成為另一個能源？

吳德榮（前中央氣象局預報中心主任）說，閃電次次能量不同，加上不好預測，不確定性太高，目前要利用還有困難。

氫及氧　產生電與水

燃料電池的運作，是氫氣由陽極進入，氧氣或空氣由陰極進入，經由催化作用，使陽極的氫原子分解成兩個氫質子與兩個電子。其中氫質子穿透薄膜到陰極端；電子則經由外電路形成電流後，到達陰極。

在催化作用下，氫質子、氧與電子，於陰極發生反應形成水分子，水就成了燃料電池主要的排放物，副產物——熱為質子與電子傳導過程所形成。

燃料電池使用的氫，可以來自任何的碳氫化合物，例如天然氣、甲醇、乙醇、水的電解、沼氣……等。

由於燃料電池經由利用氫及氧的化學反應，產生電流及水，不但完全無污染，也避免了傳統電池充電耗時的問題。

燃料電池的本體就是電池含有陰極與陽極，而電極間則為有離子

傳導性的薄膜構成。

 # 薄薄一片膜……點燃汽車電力

　　目前車用的質子交換膜燃料電池，核心為質子交換膜，是一片薄薄的氟碳聚合物，它除了是電極外，還可防止氫燃料與氧混合，隔膜表面的觸媒使氫原子上的電子游離，即產生電力，供應燃料電池汽車動力。

　　台北科技大學車輛工程系教授吳浴沂表示，質子交換膜燃料電池可將五成五的能量轉化為功輸出；內燃機效率則為三成左右。

　　元智大學機械系教授鐘國濱說，質子交換膜燃料電池運轉度較低，但要能降低成本，廣泛運用，則要靠隔膜技術改良。

　　他指出，目前膜材成本占電池的四成，若能將膜厚由50微米（μm）降至25μm，甚至在膜中以其他強化材質填充，則膜材成本可降至只占20％甚至是10％。膜厚降低更可縮短氫質子傳輸距離，性能也會大幅提升。

　　目前燃料電池廣用的氟系高分子塑膠材料，要在適當的濕度環境操作，溫度要在80℃以下，導致產物水排除不易，燃料中雜質對電極的毒化，使電化學反應速率不佳。鐘國濱說，如果高溫操作，就又會使環境濕度低，大幅降低氫質子的導性。

　　他指出，本田的FCX氫燃料電池車採用的碳氫系高分子塑膠材料

燃料電池如何運作

電池組件

塑膠質子交換膜

電極板，外層鍍白金催化劑

電極板夾在一塊

電極板的通道

外電路

燃料成分

氫原子

一個電子

一個質子

電能

電子

氧氣

廢水

氫氣

質子

熱

陽極

陰極

聚合物隔膜

資料來源／台灣燃電池資訊網

膜材，就可在低濕或無濕環境操作。

　　鐘國濱說，隔膜上還鍍了一層觸媒，目前多使用鉑和碳粉，成本占電池的三成到四成。鉑就是白金，可以把氫分解成兩個電子，兩個質子，催化氫燃料中的化學能轉為電能，碳粉則極大化白金利用率。

　　他指出，觸媒活性要很高，作用完之後就功成身退，「有點黏，又不會太黏」，不會介入成為「第三者」。也有人嘗試用銀、鎳當催化劑，但有些作用完後不離開，不是理想的觸媒。

長時間操作後，白金和碳粉會分別因雜質吸附與氧化腐蝕而有性能衰退的老化現象。

必學單字大閱兵

fuel cell 燃料電池　　　　　　　　　　　cathode 負極
catalysis 觸媒　　　　　　　　　　　　　hydrogen 氫
proton exchange membrane 質子交換膜　　platinum 鉑
anode 正極

chapter 5

污河變活水　久違物種重現

水淨化
解析

◎黃福其

　　上月底台北縣淡水河浮洲橋附近出現俗稱「港內烏」的烏魚群暴斃；釣客發現新店溪魚兒變大，大漢溪濕地生物物種、數量明顯增加，連黃緣螢、條背螢等高水質指標昆蟲也紛紛現蹤；學者說，這些都是河川水質變好的生物指標。

　　台大森林環境與景觀資源學系教授柯淳涵，去年底率團隊完成大漢溪新海一期、二期及浮洲等三處人工濕地生態變化調查，發現三處濕地鳥類物種分別增加18科71種、27科86種、21科48種，其中保育類有第一級（瀕臨絕種）的黑鳶、遊隼，第二級（珍貴稀有）的鳳頭蒼鷹、紅隼、彩鷸，第三級的紅尾伯勞、喜鵲。

　　目前在大漢溪濕地築巢、產卵、育雛的鳥類，有紅冠水雞、白腹

水質項目污染程度參數數值

「河川污染程度指標（River Pollution Index, RPI）」係以水中溶氧量（DO）、生化需氧量（BOD）、懸浮固體（SS）與氨氮（NH₃-N）等4項水質參數，來計算所得指標積分，判定河川水質污染程度。

水質／項目	未（稍）受污染	輕度污染	中度污染	嚴重污染
溶氧量（DO）mg／L	6.5以上	4.6-6.5	2.0-4.5	2.0以下
生化需氧量（BOD）mg／L	3.0以下	3.0-4.9	5.0-15	15以上
懸浮固體（SS）mg／L	2.0以下	20-49	50-100	100以上
氨氮（NH₃-N）mg／L	0.5以下	0.5-0.99	1.0-3.0	3.0以上
點數	1	3	6	10
污染指標積分值	2.0以下	2.0-3.0	3.0-6.0	6.0以上

計算範例：

DO=3mg／L、BOD=2.2mg／L、SS=13.6mg／L，四項水質換算的點數分別為6、1、1、6則
RPI=（6+1+1+6）／4=14／4=3.5為中度污染

資料來源／環保署

秧雞及保育類彩鷸等留鳥，以及候鳥花嘴鴨等。

　　本月初，有四隻以台南官田為主棲地的第二級保育鳥類水雉現身，至今未離去，因水雉目前在國內被估計不到250隻，此事引起保育團體重視。

　　柯淳涵說，濕地的藻類、植物、昆蟲、兩棲類及鳥類形成食物鏈，鳥類位居端頂，當水鳥數量及種類越繁多，顯示當地食物鏈結構穩固、生物物種豐富。

河川污染嚴重影響生態。

當河流的水質改善之後，許多的生物將先後報到。

目前大漢溪濕地還有台灣窗螢、邊褐端黑螢、黃緣螢及條背螢等不同螢火蟲，以及日本絨毛蟹、台灣草蜥等物種，還有叫聲如狗吠的貢德氏蛙、對水質環境要求很高的白頷樹蛙；植物則出現過去瀕危的萍蓬草、田蔥等。

螢火蟲是環境指標生物

螢火蟲達人陳燦榮說，螢火蟲是環境指標生物，光害、噴灑化學藥劑、污染水質都會危害其生存；幼蟲分陸生、水生兩類型，兩年多前大漢溪濕地僅有陸生型的邊褐端黑螢、台灣窗螢；至於水生類型的黃緣螢、條背螢，幼蟲只能存活微鹼至微酸間的水質，水質指標性甚至高過蝴蝶、青蛙，如今兩種水生螢火蟲現身，顯示水質確實變好。

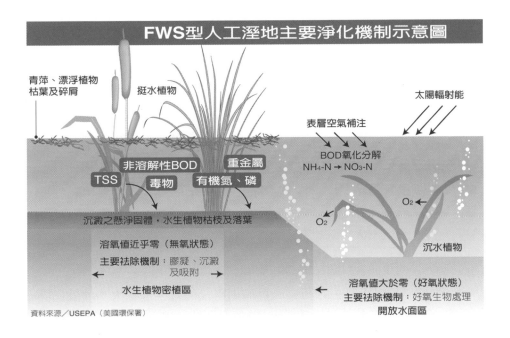

FWS型人工溼地主要淨化機制示意圖

青萍、漂浮植物枯葉及碎屑　　挺水植物　　太陽輻射能

表層空氣補注

BOD氧化分解
$NH_4\text{-}N \rightarrow NO_3\text{-}N$

非溶解性BOD　　重金屬

TSS　　毒物　　有機氮、磷

O_2

O_2

沉澱之懸淨固體，水生植物枯枝及落葉

沉水植物

溶氧值近乎零（無氧狀態）
主要袪除機制：膠凝、沉澱及吸附

水生植物密植區

溶氧值大於零（好氧狀態）
主要袪除機制：好氧生物處理
開放水面區

資料來源／USEPA（美國環保署）

國際水利環境學院游進裕博士在2005至2006年為環保署調查淡水河魚種、建置名錄。他說，從魚類觀察淡水河水質好壞，主要是看周緣性魚類（可稍耐淡水之海水魚或可稍耐海水之淡水魚）活動範圍、數量、大小為指標。

Q：濕地、礫間、沙洲有何不同？

A：台科大環境所所長陳教行表示，國際濕地公約（拉

科學知識家
除污淨水質 造濕地最有效？

淡水河水質改變，不僅魚兒變多、變大，大漢溪濕地更逐漸形成「綠色生態廊道」，生物物種、數量明顯增加，是公部門在此建置濕地奏效？學者說，不盡然。

台北科技大學環境工程與管理研究所所長陳孝行指出，河川污染主要來自家庭生活廢水等「點源污染」，必須依靠污水下水道接管、截流站及污水廠等工程手段來去除；拆除砂石場以管制河川懸浮固體、強力稽查電鍍工廠等重大水污染源，也是一種污染源頭管理。

至於大自然的污染物等「非點源污染」，則須透過建置人工濕地、礫間，來協助淨化水質，作為去除污染的輔助手段。

他說，工程手段去除污染，對河川整治的效果是量大、收效迅速的；人工濕地則是量小、速度較緩慢，但兼具生態復育的珍貴功能，

薩姆公約）指「溼地係指沼澤、泥沼地、泥煤地或水域等地區，不論是天然或人為，永久或暫時，死水或活水，淡水或海水，或兩者混合而成，其水深在低潮時不超過6公尺。」

礫間亦具淨化水質功能，係以人為方式增加河床底部或處理槽體當中的接觸面積（例如堆置礫石），讓污染物質與礫石上生成的生物膜進行氧化分解、吸收，淨化水質。

沙洲則是河流或波浪搬運的泥沙，堆積於海底形成沙堤，沙堤突出海面稱沙洲。沙洲僅係地形描述，不涉及生物部分。

甚至可作為民眾遊憩、教育場所。若從確保河川整治成果的角度來看，北縣目前拆除砂石場、濕地建置雖然都有幫助，但應加強污水管接管。

北縣成功建置兼具復育的濕地

台大森林環境與景觀資源學系教授柯淳涵也指出，環保署在全國協助縣市政府共建置18處濕地，每處濕地的水池水質不同，附生的藻類、植物以及隨之而來的昆蟲、動物也跟著不同，造就生物多樣化。因此，若用地適合，應繼續推廣濕地，輔助下水道系統，例如北縣地狹人稠，成功建置兼具復育的濕地，就是很好的示範。

國際水利環境學院游進裕博士也認為，北縣強制拆除砂石廠，讓水質懸浮固體迅速下降，且同時推動兼具生態復育、休閒遊憩及環境教育的濕地政策，這點很值得其他縣市參考。

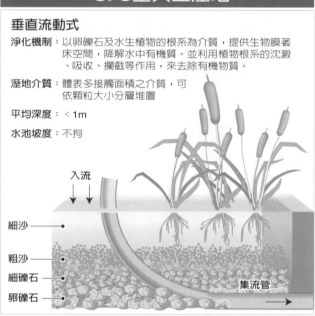

SFS型人工溼地

垂直流動式

淨化機制：以卵礫石及水生植物的根系為介質，提供生物膜著床空間，降解水中有機質。並利用植物根系的沈澱、吸收、攔截等作用，來去除有機物質。

溼地介質：體表多接觸面積之介質，可依顆粒大小分層堆置

平均深度：＜1m

水池坡度：不拘

入流

細沙
粗沙
細礫石
卵礫石

集流管

Q：河川突然出現魚群暴斃，是不好的事嗎？

A：國際水利環境學院游進裕博士強調「不見得」，若是大小相當、習性接近的魚類同時翻白肚，地點又是過去未曾出現過該類魚種的水域，甚至已多時沒有魚的水域，突然出現魚群暴斃，可正向思考水質已經改善，只是碰上溫度變化、水中溶氧降低，導致魚群死亡。

必學單字大閱兵

turbidity 濁度
eutrophication 優養化
suspended solids 懸浮固體物
dissolved oxygen 溶氧

electrical conductivity 導電度
River Pollution Index 河川污染程度指標

chapter 6

百變電離層 測震新法寶?

電離層解謎

◎李承宇

規模巨大的波多黎各阿雷西波天文台經費短缺，主要任務之一就是測量電離層的變化。

四川大地震後，美國太空總署（NASA）宣布，由於先前有台灣等地的學者發現地球上空「電離層」的濃度變化與地震發生有關聯，NASA打算在這個基礎上和英國合作，研究從太空觀測建立地震預警系統。

濃度驟降 地震前兆？

有學者發現，每天上午十時到晚上十時間，中壢到高雄上空的電離層濃度是全世界最高，加上台灣是地震頻繁的區域，中央大學太空所教授劉正彥很早就著手研究電離層濃度與地震發生的關聯性。他研究台灣184個規模五以上的地震，發現約有九成在發生前一天到五天，震央上空的電離層濃度會降低，達到統計上的顯著水準。

電離層是距地表50到2000公里上空的區域。其中的大氣分子受到太陽光X射線、紫外線、超紫外線照射，會解離成帶負電自由電子和帶正電離子的電漿狀態。劉正彥指出，電離層的導電和導熱性極佳，在距地表300公里處濃度最高，大約每一立方公分有100萬顆電子或離子。

AM廣播 最早通訊應用

最早應用電離層特性是通訊，AM廣播就是利用電離層傳送的。電離層可以用來反射、傳送高頻率的無線電訊號。成大電漿與太空科學中心助理教授林建宏解釋，從地表發射的電波可以使電離層中的自由電子以同樣的頻率振盪，再反射回地面。

如果電離層電漿的濃度夠高，自由電子密度夠的話，就可以完全

反射，但若電漿的濃度低，反射點的高度就會比較高，這樣雖然可以將訊號傳遞得比較遠，但是訊號較容易衰減而產生雜訊。

電離層大致可以分為D、E、F三層，各層的解離程度會因太陽輻射的程度而有所不同。最內層的D層受太陽輻射解離的程度最低，所以D層只有在白天的時候較強，傍晚之後，被解離的電子與離子又結合成分子而消失。

電漿密度　晝夜不同

E層可以撐得比較久一點，電子與離子大概要到午夜才會結合而消失。林建宏表示，科學家最先發現的是E層，後來才是D、F層，由於夜間只有F層還能保持電漿狀態，所以無線電在電離層的傳輸主要還是要透過F層。

劉正彥表示，電離層的產生是透過太陽輻射的光效應而解離；當光效應減弱，電子與離子就會結合成分子而消失；而電離層的傳輸在赤道附近主要受到電漿噴泉效應的影響。

劉正彥說，電離層會因日夜、季節、太陽活動，及地理位置不同而有變化，雷雨、暴風雨、閃電等自然現象也會對電離層有所影響。

保護地球　可擋有害光

電離層也是很好的「光盾牌」，保護地球避免受到太陽黑子產生的有害光傷害。劉正彥說，當兩顆太陽黑子碰撞，會噴發出強大的帶電粒子，包括太陽風與比平時強幾萬倍的光線，這些光線在八分半鐘就會到達地球。

電離層構造與電波反射頻率

電離層
F層
E層
D層

10MHz 20MHz 30MHz

F層 離地面約 130 公里以上，被解離情形最強，是最不易消失的電離層。反射電波頻率可達30MHz。

E層 離地面約90~130公里，到午夜時才會消失重回分子狀態。反射的電波頻率在20MHz以下。

D層 離地面約 50~90 公里，受解離程度最弱，白天時存在，傍晚時，被游離的離子、電子逐漸結合變回分子狀態。反射的電波頻率在10MHz以下，但只限白天。

資料來源／劉正彥、網路

　　電離層可避免地球受到這些強光中的X射線、超紫外線和紫外線的傷害，但是這種太陽的光效應會造成電離層的擾亂，影響地面上的通訊。

與地震息息相關的電離層濃度

台灣上空電離層 濃度超高

　　學者最早假設，在地磁赤道上空的電離層電漿濃度最高，但由於電漿噴泉效應，造成電漿在赤道兩側堆積，使赤道鄰近區域的電離層

電離層位置

電離層
2000公里

熱氣層

中氣層
90公里

平流層
(臭氧層)
50公里

對流層
18公里

濃度反而更高；所以地磁赤道經過菲律賓，但是其電離層濃度不如台灣高。

全球有四個「電離層赤道異常區」，分布在南美洲、非洲、東南亞，以及中太平洋，這些地方擁有全球最高的電漿濃度，而台灣就位於東南亞這個區域中。

中央大學教授劉正彥表示，在得天獨厚的研究環境下，台灣有全球電離層與地殼活動最完整的觀測站，透過地電探針、磁力計、大氣冕儀、電離層高頻雷達等儀器，觀測記錄地層破壞所產生的電場、磁場、地熱等異常現象對電離層的影響。

他表示，科學家對地震造成電離層濃度改變的可能原因有許多假設，包括：「重力波理論」，認為地震前地表變化會引起大氣低頻振動，讓電離層濃度變化。「地殼化學理論」則認為，地震前地殼會釋放各種氣體擴散到電離層中，進而引起電子濃度變化。「地電磁場理論」則假設，地震會引起地電和地磁變化，進一步影響電離層中的帶電粒子。

劉正彥表示，目前只能確定地震與電離層的濃度變化確實有關聯性，但是不能無限延伸，「現象存在並不表示一定可以應用」，要藉此預測地震仍有很長的路要走，最快也需要繼續研究五到十年的時間，找出解釋的物理機制，並建立一套模型。

科學知識家
電漿濃度不變 GPS誤差值大

電離層的變化，也會讓全球定位系統（GPS）「凸槌」。成功大學電漿與太空科學中心助理教授林建宏指出，電離層具有超導電性，會讓GPS發出的超高頻電波產生相位偏差，讓地面上的接收機在計算衛星與接收機位置時，產生誤差。

影響GPS精準度的主要有「對流層效應」與「電離層效應」。當衛星發射的訊號經過電離層電漿的干擾，以及對流層中水氣的散射，會讓接收機產生誤差。一般GPS可以利用演算法消除對流層效應所產生的誤差，但無法克服電離層效應的影響。比較高檔的GPS則會利用不同頻率的電波作衛星與接收機的差分計算，來減低電離層的影響。

電離層濃度的瞬間劇烈變化對GPS的精確度有很大的影響，往往一差就會差了幾公尺。所以，像對流旺盛的雷雨，不僅會直接對GPS定位有影響，也會間接影響到電離層的變化，更加劇了GPS的誤差。

林建宏指出，在2004年以前，因太陽活動旺盛，學界對電離層的研究多著重在太陽風暴影響的研究，近幾年太陽活動趨緩，大家開始把焦點放在地球本身天氣的變化對電離層所造成的干擾。

電離層有四個「赤道異常區」：南美洲、非洲、東南亞，以及中太平洋，這四個區域的電離層濃度非常高，很巧的是，其中有三個地方位於雷雨系統活躍的熱帶雨林區，包含南美洲亞馬遜河流域、非洲剛果雨林區以及印尼的熱帶雨林區。

科學家認為，有可能是這些地方對流層頂端旺盛的天氣系統產生的強烈對流，和雨滴凝結產生的潛熱，影響了電離層的濃度變化。

電漿泡 干擾通訊

除了干擾GPS定位之外，電離層的濃度對通訊的影響也很讓人頭痛。林建宏說，電離層中的不規則體：電漿泡，就像是水中的氣泡一樣，會嚴重干擾通訊。

美國航空母艦在海上航行時，艦上的官兵常抱怨，要打衛星電話回家時，船若正好經過電漿泡聚集的地方，根本就很難收到訊號。美國特別在兩個月前發射衛星C／NOFS，主要任務就是在觀測電漿泡的分布狀況。林建宏表示，電漿泡的分布並無法預測，但是如果能觀測得到，船隻航行在通訊時，就可以先避掉這些區域。

學者這麼說
技術若成熟 可當海嘯警報器

電離層不只有預測地震的潛力，更可以拿來預測海嘯的發生。海嘯發生時會傳遞波動，波動傳到太空電離層的速度，會比經海水傳到陸上的速度快約三倍，因此未來可以透過對電離層變化的觀測，預測海嘯的發生。

2004年南亞海嘯發生後，國內學者劉正彥、蔡義本和馬國鳳等人，根據GPS地面站監測數據，發現海嘯發生時，電離層出現異常劇烈擾動的現象。根據計算，海嘯波動傳到電離層，時速約2700公里；而透過海水傳達到陸地上，時速大約800公里，傳達到太空中的速度

快三倍多。

　　學者認為，如果未來海嘯預警系統改以GPS監測電離層濃度的變化，很可能取代目前在海底設地震儀，以及在沿岸設潮位監測儀等海嘯預警機制。如果這項監測技術發展成熟，將可在海嘯發生前約30到60分鐘就能事先預警，也能有效減少災害。

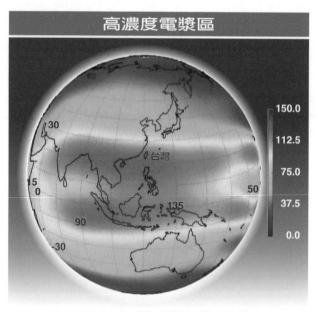

利用GPS接收因都普勒位移量所推導出的電離層電漿含量，圖中可以看到台灣處在電漿含量最大的電離層赤道異常區域內。
資料來源／國家實驗研究院

必學單字大閱兵

ionosphere 電離層

aerosphere 大氣層

plasma 電漿

sunspot 太陽黑子

ion 離子

tsunami 海嘯

chapter 7

聲波揪壞蛋　面面俱到

聲波解謎

◎喻文玟

人工敲蛋相當耗時，而且長期下來容易造成手腕受傷。

國內的皮蛋日產量約50萬顆，皮蛋加工過程中，要將蛋浸泡在強鹼溶液中，此時若蛋殼有裂痕，強鹼溶液便會滲透到蛋中，除了蛋黃之外，蛋白、蛋殼都會融化。因此皮蛋通常選用殼較厚的鴨蛋而不用雞蛋，但也不是每顆鴨蛋都可

以加工成皮蛋，有裂痕會影響品質，若蛋殼「氣孔」太少，也無法醃製成皮蛋。

中興大學生物產業機電系教授鄭經偉指出，過去為了檢查蛋殼上是否有裂縫，皮蛋加工前都靠人工敲擊蛋殼選蛋，蛋農一次會利用三顆鴨蛋，兩兩互相敲擊，沒有裂痕的蛋殼聲音清脆；有裂痕的聲音較鈍。

「技術好、老經驗」的蛋農們，聽聲分辨「好蛋與壞蛋」，熟練的蛋農們平均8小時能敲完6千顆蛋。

壞蛋　波峰振幅小

人工敲蛋相當耗時，而且長期下來容易造成手腕受傷。因此，鄭經偉利用蛋農「聽聲辨識壞蛋」的原理，研發了一支能判別蛋殼裂痕的檢測器，外觀是像一枝筆的真空管，在真空管內裝設互斥的磁鐵、特製的微麥克風，蒐集瞬間敲擊蛋殼表面的聲波。

鄭經偉分析，經過長時間實驗發現，敲擊的瞬間衝擊力控制在0.25公斤才不會讓蛋殼裂傷，微麥克風裝設在檢測頭，蒐集瞬間聲波。

聲波頻率有固定的週期，瞬間衝擊脈波是在短時間敲擊產生的聲音振幅，蛋殼完整處聲音的頻寬較窄，振幅穩定，蛋農若用人工敲擊，聲音清脆；裂痕邊緣的衝擊脈波，波峰振幅小，頻寬拉長，聽到的聲音較鈍。

傳統的人工敲擊方法完全「靠經驗」，鄭經偉觀察蛋農的敲擊經驗發現，人工敲擊存在許多變因，例如蛋農心情好壞，也會影響聲音判別的準確；人工敲擊不一定每次力道都一樣精準；要大量生產皮

蛋，人工敲擊講究效率，不可能「面面俱到」都敲擊判定聲音。

這套系統除了利用音波原理「揪出壞蛋」之外，還設計透過輸送帶的方式，讓鴨蛋能三百六十度旋轉，再經過56支迷你麥克風敲擊產生的衝擊脈波的檢測，增加找出壞蛋的精準度高達96%。

鄭經偉指出，熟練的蛋農平均8小時能敲完6千顆蛋，但是透過機器自動化檢測蛋殼裂痕，效率增加不少，目前每8小時就可檢測5萬粒鮮蛋。

 ## 薄薄的蛋殼……布滿7500個氣孔

蛋殼易碎，你知道這一層薄薄的外殼，有幾公分嗎？

中興大學生物產業機電工程學系教授鄭經偉利用儀器測量雞蛋、鴨蛋蛋殼的厚度，兩者有顯著差異。雞蛋蛋殼厚度平均約0.26～0.38mm；鴨蛋蛋殼較厚，平均約0.35mm～0.45mm。

蛋殼主要由碳酸鈣加上少許蛋白質組成，是蛋最外層的保護膜。俗話說「雞蛋再密也有縫」，鄭經偉指出，看似天衣無縫的蛋殼，即使沒有裂痕，表面也分布有大約7500個氣孔，但是分布不平均，一般來說，鈍端氣孔比銳端多。

蛋殼的氣孔有什麼作用呢？學者指出，蛋殼氣孔的結構類似哺乳類動物的羊水，一隻雞孕育雞蛋，胚胎所需的氧氣都是透過氣孔擴散進入，胚胎代謝產生的二氧化碳也是透過氣孔排出。

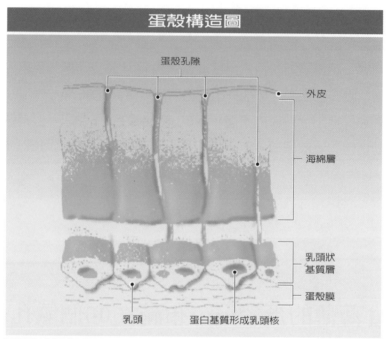

蛋殼構造圖

蛋殼孔隙

外皮

海綿層

乳頭狀
基質層

蛋殼膜

乳頭　　蛋白基質形成乳頭核

資料來源／東肯塔基大學網站

　　剛生出來的蛋，氣孔是閉鎖的，表面光滑；隨著產出時間氣孔會慢慢敞開，蛋的表面會越來越粗糙，主婦挑選雞蛋時，觸摸蛋殼就能判別新鮮度。

　　鴨蛋蛋殼若有裂痕，會影響皮蛋製成的品質，也會影響食品衛生。

　　學者指出，雞蛋蛋殼比鴨蛋脆弱，台灣屬於亞熱帶氣候，裂痕蛋易孳生細菌，空氣中的沙門氏桿菌從裂縫入侵，滋生在蛋殼、蛋殼膜之間，存放太久沒有食用，會產生惡臭味。

　　鄭經偉表示，國內洗選蛋業者多數仍利用傳統光照方式目視檢

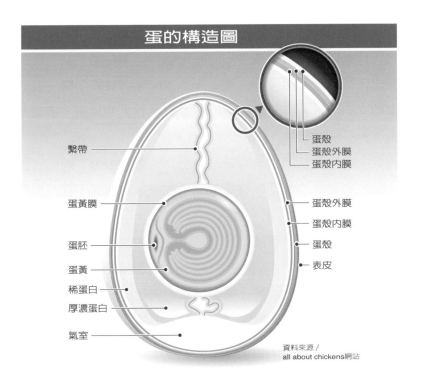

蛋的構造圖

繫帶

蛋殼
蛋殼外膜
蛋殼內膜

蛋黃膜

蛋殼外膜
蛋殼內膜
蛋殼
表皮

蛋胚

蛋黃

稀蛋白

厚濃蛋白

氣室

資料來源 /
all about chickens網站

查,而且只能將大裂痕的雞蛋挑出,無法將全部的裂痕蛋找出來,所以洗選蛋,近五成都有小裂痕,一週內食用完畢較安全。

 聲音傳遞 必須依賴介質

中興大學生物產業機電系教授鄭經偉指出,「聲音」最早的定義

是「人耳所能聽到的」聽覺。

物體運動就會有聲音產生，能發出聲音的振動體稱為「聲源」。學者指出，從聲源到接收器，例如人耳，一定會有段距離，聲音傳遞必須依賴介質產生波動，以固定的速度傳達到人的耳朵，進而產生聽覺，自然界裡常見的介質就是空氣。

因此，在真空狀態下，等於是缺乏介質產生振動，即使有振動的現象，也沒有聲音的傳遞。聲波不僅可在空氣中傳播，在液體與固體等介質中也可以傳遞。

鄭經偉指出，瞬間脈波信號是短時間內的聲波傳遞，蛋殼檢測波動判斷聲音落差，主要是根據頻寬來判定蛋殼破損程度。

若將籃球比喻成一顆蛋，瞬間脈衝力就是籃球的彈力。在球場、硬地上拍動，彈跳力強，振幅穩定，聲音清脆；若是在泥土地面上拍打，籃球只有瞬間振幅，彈跳力弱，聲音頻寬拉長，類似有裂痕的蛋殼，聲音反應振幅小，聲音較鈍。

聲波應用

 # 音波選鳳梨 不必敲半天

反射聲波的原理可以廣泛應用在農產品的新鮮度檢驗判定，農委會曾發表「音波鳳梨」，就是利用聲波原理，「讀」鳳梨的聲音，判定鳳梨的品質。

探測鳳梨可以「鼓聲果」、「肉聲果」來判定鳳梨的甜度。一

般而言，「肉聲果」鳳梨的聲音清脆，水分含量高，較結實，口感較甜；「鼓聲果」是利用手指輕彈鳳梨發出像打鼓的聲音，果色呈白色，口感較酸，品質較差，可存放較久時間。

買西瓜時，多數人都習慣用手敲一敲，聽是清脆響亮或是結實聲鈍，來判定西瓜的熟度，那也是一種反射聲波原理。

一般而言，用手輕拍西瓜，聲音鈍濁沉重表示過熟或空心，聲音清脆，發出咚咚的聲音，表示熟度剛好；若像是拍打頭部的聲音，表示西瓜未熟。

學者表示，聲波的原理也可以用來測試西瓜、番石榴、哈密瓜的甜度與新鮮度。

不過，水果的密實度高，體積較大，是目前較難克服變成自動化檢測的關鍵。

你Q我A

Q：皮蛋怎麼製作？

A：皮蛋的歷史可追溯至西元1640年，根據《益陽縣誌》記載，明朝初年在中國湖南省益陽縣，有一戶人家養的鴨在石灰槽內下蛋，這些鴨蛋在幾個月後被發現，顏色變黑，卻香Q有彈性，漸漸有越來越多人開始製作皮蛋。

早期製作皮蛋的方法，是將鴨蛋浸泡在「馬尿」中醃製。目前業者已經改良，不再使用馬尿，而是將鴨蛋浸泡在強鹼溶液中醃製，一般大約需要30～45天左右不等，一大桶溶液約可醃製3000顆鴨蛋。

強鹼溶液的化學物質，基礎配方包括氫氧化鈉、石灰、碳酸鈉。

Q：蛋為何有價差？

A：目前市面上販售的雞蛋、鴨蛋都以「洗選蛋」為主，消費者到超市購物，蛋架上品牌琳瑯滿目，外表看起來都是蛋，價格落差近10元不等，主要是蛋的「洗選程序」不同。

　　蛋「洗選程序」包括人工篩檢、清洗消毒、風乾、光照檢驗、重量分級……等，各家業者洗選標準不一。洗選過程或多或少都會讓蛋殼產生裂痕，有裂痕的蛋殼易滋生沙門氏桿菌，打蛋若聞到惡臭，表示這顆「臭雞蛋」已經孳生細菌，不宜食用，洗選蛋篩檢過程越嚴謹，食物中毒比例越低，價格相對較高。

蛋品檢測器

資料來源／
鄭經偉

微麥克風

必學單字大閱兵

Non-destructive Inspecting 非破壞性檢測　　crack 裂痕
sound wave 聲波　　amplitude 振幅
impulse 脈衝

chapter 8

雙三角　自行車不變的結構

單車解析

◎黃兆璽

　　為了節能、減碳、少花錢，不少上班族紛紛以自行車當代步工具，鐵馬環島行也成為時下最熱門的運動之一。高雄科學工藝館技術

自行車是近來最熱門的全民運動。

員黃基鴻表示，拜科技之賜，自行車從以前笨重的載貨車，演變為頂尖競賽場奔馳的超級跑車，自行車雖擁有最單純的腳踏機械原理，但現代的車型運用了許多機構原理，稱得上是生活中精密、嚴格的藝術行動工具。

好自行車 操控省力

黃基鴻表示，簡單來說，自行車是由車架、輪組、輪胎、前叉、大齒輪組、後飛輪、鏈條、手把、變速器、變速撥桿、坐墊、煞車線組等零件所構成，一部好的自行車，應有省力的操控性，可以讓身體的力量在耗能最小的情況下，轉換為車輛前進的動能。

車架是自行車的核心主體，車架的設定決定騎乘的舒適性。其中最基本的原理包括：上管越長前進性能越佳、頭管越長操控力量傳導越佳、後下叉越短則踩踏傳動靈敏度越高。

黃基鴻引述數據指出，車架上些微的差異，都會影響到騎乘的感覺和效果。至於完美的車架必須符合輕量化、高剛性、高強度三個條件。

黃基鴻表示，全球車廠都在致力減輕重量，這樣除了可以增加傳動性、省力，也能騎得快，也更方便攜帶；而在追求輕量的前提下，剛性也是很大的重點，車架剛性若不夠強，會出現斷裂彎曲的安全顧慮。

鑽石結構 分散地面震動力

鑽石結構車架是最早被普遍認可的自行車結構，它是於1885年

由英國的John Kemp Starley研發出來，由前後兩個三角形組成的車架，搭配前後大小一樣的車輪，由鏈條驅動。

不論是競賽用自行車或休閒自行車，仍大多維持此結構。採用此型車架即因於結構力學上的考量，能將來自地面的震動力量分散到車架的其他部位，如此就可避免應力集中，又具有主動操控的穩定性、輕量化及高強度。

 # 配錯齒輪比 耗時又費力

自行車變速系統的功能，主要是讓車手可以依照地形、順逆風與體力等條件，做出適當搭配。所以如果踩起來覺得很輕鬆，就表示齒輪比太輕，容易踩空且浪費時間；如果踩起來覺得很重，就表示齒輪比太重，這種情形容易受傷且浪費體力。

實際在調配變速系統時有幾個原則：

1.盡量避免最大齒盤對最大飛輪或最小齒盤對最小飛輪

因為這兩種情形都會使鏈條過度扭曲，會使鏈條跟齒盤受到嚴重磨損，須注意變速時不可倒踩，以免導致故障、掉鏈。

2.預先觀察路況，提早變速

自行車的演變

1818
德國

1830
蘇格蘭

1860
法國

資料來源／維基百科網站

例如上坡前幾十公尺前，就應視坡度大小先調整後變速檔位由小往大變速，如果坡度過大，再將前變速檔位由最大往中低齒盤移動，多數人的變速習慣，是坡爬不上去才變速，這不但影響速度，有時更會因過慢跌倒，並增加機件磨損。

車子若長時間不騎，應將變速器都變至最小齒，以免變速彈簧彈性疲乏。

變速器是自行車的心臟。

另外，鏈條的彎曲斜率也不能太大，否則時間一久就會很容易斷掉。

以有27段變速的高級腳踏車為例。鏈條在大齒盤的小片齒片時，鏈條最適當的範圍應該在4至9片之間活動；在大齒盤的中片齒片時，鏈條可在3至8片；也就是說，在大齒盤的大片齒片時，鏈條最適當的範圍應該在1至4片之間活動。

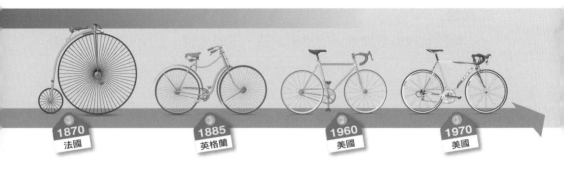

1870
法國

1885
英格蘭

1960
美國

1970
美國

 專家這麼說
分解自行車

1. 前叉

就是支撐前輪的部位，具有操控前輪的功能，並吸收從路面傳來的震動。一般來說，公路車和登山車的前叉不同，公路車採剛性前叉，再將叉端部位設計成弧形，產生偏位（offset）。登山車則加裝有彈性的避震前叉，如同汽車的避震器，可以應付惡劣路面。

2. 輪組

包含花鼓、輻絲、輪圈等項目，黃基鴻表示，花鼓要能盡量減少內部摩擦阻力，並能禁得起踩踏時的強大扭力；而輻絲要有足夠剛性，使花鼓與輪圈結合性更好，轉動時能直接帶動輪圈；輪圈結構則要能承受徑向衝擊，且保持正圓無偏擺。

輪組要能發揮速度上的性能，要件就是重量輕、剛性好、花鼓轉動滑順度高。

3. 輪胎

輪胎胎紋影響與地面的接觸面積，一般來說，登山車為了增加抓地力，使用寬大的巧克力胎。公路車要用能減低摩擦力的公路胎及更高磅數的胎壓。

4. 坐墊

坐墊可用來支撐身體的重量，坐墊型態影響摩擦阻力，例如公路車坐墊狹長，可減少摩擦阻力。長途旅行車則需要有好的支撐性與舒適性，至於女性因為骨盆腔較寬，坐墊後半部就設計較寬，能減輕壓迫感。

5. 手把

手把可用來承受衝擊時部分身體重量下壓力量，若在重踩加速和爬坡時，又承受手用力將手把拉向胸部的力量，一般來說，公路車多使用下彎把，登山車有平把至大彎把，輕便車則可用U形彎把。

6. 大齒盤組、後飛輪、鏈條

齒盤與曲柄要考慮到剛性與重量，減輕踩踏負擔和有效傳達力量。後飛輪是多片齒輪的組合，再用變速器控制鏈條在各齒輪間跳動，以達到變速功能。

後飛輪與大齒盤同樣承受了強大的踩踏力量，結構大部分使用鋼材製造，較高級的飛輪使用鈦合金，可以減輕重量。

7. 變速撥桿、變速器

變速器是自行車的心臟，變速器大多是利用變速撥桿拉動鋼索，

使變速器導桿左右移動，鏈條就能升降到不同檔位，它提供更多檔位選擇，以維持踩踏節奏。

根據前後齒盤數搭配出多個檔數，如登山車多為21、24、27速，公路車多為18、20速。變速撥桿幫助控制變速器變速，變速撥桿與變速器檔數須相配合，以精確控制變速器換檔。

專家這麼說
分解自行車

目前自行車材料多以鋁合金和碳纖維為主流，這兩種材料過去多用於航太工業，用在自行車製作，大幅提升舒適性與操控性。

1.鉻鉬鋼

早期自行車主要是鋼材打造的，鉻鉬（Cr-Mo）鋼淬火性、加工性良好，技術簡單價格便宜。

2.鋁合金

是目前使用最普遍的材質，擁有重量輕、可塑性好、耐腐蝕的優點，但有剛性低的缺點。

3.碳纖維

是將碳纖維布以樹脂層層黏合後再凝固成形，擁有輕、抗彎曲，

衝擊吸收性好等優點，可以讓車架有多樣變化。

4.鈦合金

鈦合金具有比重小、強度大的特性，運用在車架上具有高彈性、重量輕與不生鏽的特性，適合長時間騎乘。

你Q我A

Q：自行車坐墊有軟有硬，用途有差嗎？

A：坐墊軟或有加裝彈簧，舒適性較高，但支撐性差，會影響腿部施力而使得騎乘效率變差；相反地，坐墊硬則舒適性大打折扣，但卻能符合競速要求。通常專業用途的坐墊偏硬，但可以搭配有襯墊的車褲使用。

要找到個人適宜的坐墊高度，應先坐上坐墊，以兩腳掌心踏在踏板作一上一下擺放，在下的腿應可以自然下垂伸直，但不是挺直。

Q：最適合的自行車手把寬度，該如何計算？

A：手把寬度須配合肩膀寬度和使用場合，國內男性多使用把手外緣寬度在42至45公分的公路車把手，也可採用較身體最適尺寸大一號（1公分）的把手，可以增加平路衝刺或上坡時站立抽車加速的力量，同時也利於壓低姿勢減低風阻。

登山車為了增加騎乘的操控性，把手寬度以56公分及58公分兩種尺寸為主，下坡車的把手則甚至到63公分以上。

登山車使用寬把提供較佳的穩定性，但會減少對路面起伏、跳

動的感受，也會延緩操控，較窄的車把讓上半身較為靈活，加速性較好，路感明顯，所以當遇到顛簸時，對行進路線有較佳的掌控，相對地穩定性較差。

必學單字大閱兵

derailleur 變速器   saddle 坐墊
shifter 變速撥桿   handlebar 手把

chapter 9

傳統長條型校舍　遇強震最易倒

建築抗震

◎楊正敏

校舍建築　容易倒塌

四川震災中，許多校舍倒塌，許多人都懷疑是不是偷工減料，也就是大陸人口中的「豆腐渣工程」？

國家地震工程中心主任蔡克銓說，不只是大陸，九二一震災時，南投的校舍也倒了不少，其實校舍建築的設計，的確特別容易倒。當時南投縣四百九十多幢校舍，傾倒和損毀的有二百九十四幢，占一半以上。

2005年10月8日巴基斯坦的強震，也震倒了許多校舍，當時學生正好上學，死亡人數8萬多人中，近2萬是學生。

民國57年台灣開始實施九年國教，當時因需要大量的校舍建築，但當時台灣的經濟狀況不若現在，因此校舍建築多半較為簡單，教育部早期的教室建築規範，講求的是採光和通風，因此傳統的教室都是長條型的建築，一間接著一間，中間有磚牆隔間，左右兩側都是窗

戶，其中一邊作為出入口，外面通到走廊。

懸臂走廊 難承平行震波傳播方向

國家地震中心副研究員李政寬說，校舍建築有一個特色就是「懸臂走廊」，就好像一個人舉起雙手半蹲。

蔡克詮說：「這種傳統結構的校舍，很難承受與走廊平行的震波傳播方向。」

他解釋，若是與走廊垂直的震波傳播方向，因為有隔間的硬牆支撐，校舍較不易倒塌；若是平行的力量，也就是沿走廊方向的力量，不需很大的力量就可以推壞隔間的硬牆。

原本柱子是以樓層全高設計，柱頂與柱底因承受較大震波傳播方向，

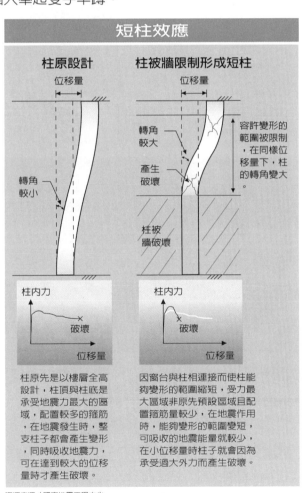

短柱效應

柱原設計

位移量

轉角較小

柱被牆限制形成短柱

位移量

轉角較大

產生破壞

柱被牆破壞

容許變形的範圍被限制，在同樣位移量下，柱的轉角變大。

柱內力

破壞

位移量

柱內力

破壞

位移量

柱原先是以樓層全高設計，柱頂與柱底是承受地震力最大的區域，配置較多的箍筋，在地震發生時，整支柱子都會產生變形，同時吸收地震力，可在達到較大的位移量時才產生破壞。

因窗台與柱相連接而使柱能夠變形的範圍縮短，受力最大區域非原先預設區域且配置箍筋量較少，在地震作用時，能夠變形的範圍變短，可吸收的地震能量就較少，在小位移量時柱子就會因為承受過大外力而產生破壞。

資源來源／國家地震工程中心

上：南投縣光復國中在九二一地震中全毀，傳統校舍採懸臂走廊式結構，遇到地震力與走廊平行的強震時，磚牆難以抵擋，應聲倒塌。圖／聯合報資料照片

下：台北縣新莊博士的家在九二一地震時倒塌，事後專家研判，柱子鋼筋的箍筋沒有按照施工規範，不但鉤角的角度不對，箍筋的間距也過長。圖／聯合報資料照片

配置較多的鋼筋，地震發生時，整支柱子要負責吸收震波傳播方向，柱子達到較大的位移量時才會發生破壞。

頂樓加蓋 降低結構耐震力

　　蔡克詮說，校舍的柱子受到窗台的約束，出現「短柱效應」。也就是柱子被牆限成短柱，容許變形的範圍被限制，同樣的位移下，柱的轉角變大，受力的區域不是原先的預設區域，因中間配置較少的鋼筋，地震時吸收能量變小，小量的位移就會因為承受過大外力而被破壞。

　　蔡克詮說，老舊校舍除了短柱效應，抗震較差外，「老背少」的校舍也很常見。

學校為什麼容易倒？

水平方向必須力量很大才能將牆推倒，所以協助了校舍抵抗地震力量

地震力

沿走廊方向上不須很大的力量便可推壞磚牆，所以磚牆並沒有協助校舍抵抗地震力

懸臂走廊

隔間牆

資源來源／國家地震工程中心

　　「老背少」就是原本建築只有兩層樓，但因不敷使用，再往上加蓋，原來的建築結構要承受更大的重量，遇到地震更容易倒塌。

加粗包鋼筋 可救老建築

但老舊校舍並非完全沒救。李政寬說，改善的方法有好幾種，例如保留校舍窗台與柱子間的縫隙，中間用矽膠填充，柱子就可以自由變形。另外就是在原來的柱子上加粗、補強，包上鋼筋，再上板模灌漿，加強柱子的強度及韌性，提升地震時所能承受的力量。

翼牆補強柱工法也是常用的工法，在柱體的單側或兩側加上翼牆，協助柱體共同抵抗來自側邊的震波傳播方向。

科學知識家
鋼骨結構最耐震？專家：不見得

四川強震的畫面，讓台灣民眾想起九二一，放眼災區，很多人都想問，一樣遇到強震，為什麼有的房子倒了，有的房子卻沒事。現在住的房子到底牢不牢靠，禁得起下一次的強震嗎？

國家地震中心主任蔡克詮說，現在建築的抗震原則為「輕震不壞、中震可修、大震不倒」。

建物耐震標準

1974年前，台灣沒有詳細的耐震設計規定，1974年開始才劃分震區、規定建物抗震能力。1989年鑑於墨西哥大地震的「盆地效應」及

1996年花蓮外海大地震造成的台北縣市災情，考慮盆地效應，將台北盆地另外劃分為特別震區。

　　日本阪神震災後，台灣在1997年增訂土壤液化評估方法，並嚴格規定鋼筋混凝土的施工細節。1999年九二一之後，更提高設計震波傳播方向。2006年又頒布最新版的建物耐震標準。

　　台灣在地震帶上，一般建築多為傳統鋼筋混凝土建築，很多人以為鋼骨結構最耐震，其實不見得。蔡克詮說，只要經過適當的耐震設計，落實建築法規及施工要點，不管哪一種結構，都可以達到相同的抗震水準。

　　鋼筋混凝土是一種複合材料，混凝土抗壓，但是不抗拉，一拉就裂，加上鋼筋後就不只能抗拉，也可以加強抗壓性。混凝土主要成分為沙石，一般說的水泥只是把沙石黏合起來，就像漿糊一樣。

　　國家地震工程中心副研究員李政寬說，鋼筋混凝土建物強度夠不夠，要先看混凝土的磅數夠不夠，其次要檢視是否按照施工規範綁紮鋼筋。

落實防震 要看鋼筋怎麼紮

　　他說，澆鑄的混凝土都應抽樣檢測抗壓強度及氯離子濃度，鋼筋綁紮時，柱的箍筋間距不應超過10公分，且彎鉤須為135度，才能加強鋼筋的抓力。

　　蔡克詮解釋，箍筋是利用「圍束」，是一種拘束力，加強柱子的強度，否則經過地震的劇烈搖晃，鋼筋強度不夠，就容易爆開。

　　除了綁紮，鋼筋的接合也要採取錯位接合，一支鋼筋在高位接合，另一支就要在低位接合。若在同一位置接合，這個位置會較脆

弱，較為不耐震。

　　九二一地震時新莊博士的家，就是未合乎施工規範，箍筋的間距過長，且彎鉤只有90度。

混凝土摻沙拉油桶 偷工減料？

　　九二一地震時曾看到倒塌的建築裡出現沙拉油桶，很多人以為是偷工減料。蔡克詮說，「不見得」；有些建築有一些裝飾用的窗台或柱子，因為造形特殊，難以用一般的板模建造，會用其他材料充當板模，灌漿進去後，也不必再拆掉。

　　但沙拉油桶若是拿來代替鋼筋，作為房屋結構的梁柱，就是明確違反建築規範，當然不行。

 # 防震 柱子要粗 牆別亂拆

　　九二一地震時，台北市東星大樓倒塌，國家地震工程中心主任蔡克詮說，問題出在一樓打掉了一些牆面，柱子又沒有補強，地震一來，先破壞最脆弱的地方，一樓垮了，大樓怎可能沒事。

強柱弱梁 抗震性能更佳

一般建築結構講的都是梁和柱，且要「強柱弱梁」，可以使抗震性能更佳，但建築不會只有梁和柱，還有牆。地震對建築結構的影響，蔡克詮下了一個結論，「成也牆也，敗也牆也。」

牆屬於非結構系統，與梁柱構成的結構會互相干擾，例如窗台就會干擾梁柱，蔡克詮說，這種干擾很難計算。

他說，拿一個只有梁柱框架的建築和一個梁柱加上牆的建築來比較。沒牆的建築晃的週期長，框架的變形也比較大；有牆的建築位移小，加速度大，承受的力量大。有牆的建築能承受的力量，可能比原來梁柱的結構更大。

牆分布均勻 抗震加分

蔡克詮說，如果牆的分布均勻、位置恰當，絕對在抗震上有加分的作用。

但是台灣人愛打牆，蔡克詮說，一樓都要挑高，做氣派門廳；或住商混合型住宅，一樓把牆打掉做營業場所，牆的分配變得不平均，地震來襲增加倒塌

柱子箍筋剖面圖

135°

良好的箍筋彎勾要呈135度，增加混凝土的結合力，並具有圍束效果，可增加柱子強度。

90°

箍筋彎勾只有90度，抗震力不足，強震時易爆開。

資源來源／國家地震工程中心

底層脆弱樓房

頂樓加蓋

挑高設計

地震力

牆面打通

樓房地面層挑高，或打掉牆，再加上頂樓加蓋，造成建築底層脆弱，難以抵抗地震的破壞

資源來源／國家地震工程中心

風險。

他舉例，建築中分布均勻的牆就好像戰爭時堅守崗位的第一線士兵，地震來時先把破壞的力道扛下來；亂打牆造成牆分布不均，就像阿兵哥亂跑，哪一層勢單力薄，地震就破壞哪一層。

他強調，一樓挑高或做賣場設計時，柱子一定要夠粗；牆更不要隨便打，否則再來一次強震，可能就是下一棟東星大樓。

9

必學單字大閱兵

beam 梁　　　　　　　reinforced concrete 鋼筋混凝土、強化混凝土
column 柱　　　　　　a steel bar 鋼筋

chapter 10

川震　板塊內古斷層　千年一動超致命

川震解析

◎李承宇

2009年大陸四川省發生規模8.0的地震釀成幾十萬人死傷，四川災民處境引起全球關切，也讓台灣人不禁想起八年前的九二一大地震。

九二一、川震　受力方向相反

中央研究院地球科學所研究員黃柏壽指出，這次四川地震與九二一都是由於板塊擠壓的力量造成的逆衝斷層，但兩者屬於不同的應力系統、受力方向相反。

台灣地處歐亞板塊與菲律賓海板塊之間，九二一地震是南投丘陵沿著車籠埔斷層「由東向西」逆衝到台中盆地上。

四川地震則是出自印度板塊擠壓歐亞板塊。這股「由西向東」的力量，讓青藏高原東側的松潘－甘孜地塊沿著龍門山斷層帶，逆衝到揚子地塊上。

國家地震工程中心副研究員張道明解釋，印度板塊擠壓歐亞板

地震解析

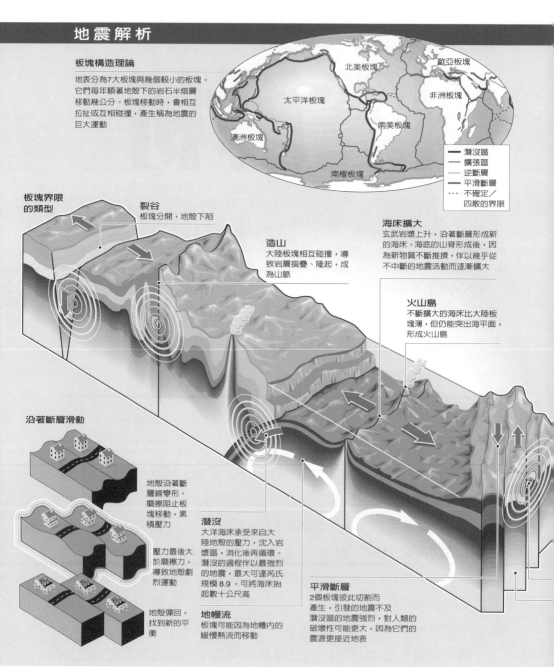

板塊構造理論

地表分為7大板塊與幾個較小的板塊。它們每年順著地殼下的岩石半熔層移動幾公分。板塊移動時，會相互拉扯或互相碰撞，產生稱為地震的巨大運動

北美板塊

歐亞板塊

太平洋板塊

非洲板塊

南美板塊

澳洲板塊

南極板塊

── 潛沒區
── 擴張區
── 逆斷層
── 平滑斷層
---- 不確定／四散的界限

板塊界限的類型

裂谷
板塊分開，地殼下陷

造山
大陸板塊相互碰撞，導致岩層摺疊、隆起，成為山脈

海床擴大
玄武岩漿上升，沿著斷層形成新的海床。海底的山脊形成後，因為新物質不斷推擠，伴以幾乎從不中斷的地震活動而逐漸擴大

火山島
不斷擴大的海床比大陸板塊薄，但仍能突出海平面，形成火山島

沿著斷層滑動

地殼沿著斷層線變形。摩擦阻止板塊移動，累積壓力

壓力最後大於摩擦力，導致地殼劇烈運動

地殼彈回，找到新的平衡

潛沒
大洋海床承受來自大陸地殼的壓力，沈入岩漿區，消化後再循環。潛沒的過程伴以最強烈的地震，最大可達芮氏規模8.9，可將海床抬起數十公尺高

地幔流
板塊可能因為地幔內的緩慢熱流而移動

平滑斷層
2個板塊彼此切割而產生，引發的地震不及潛沒區的地震強烈，對人類的破壞性可能更大，因為它們的震源更接近地表

資料來源／美國國家地理學會

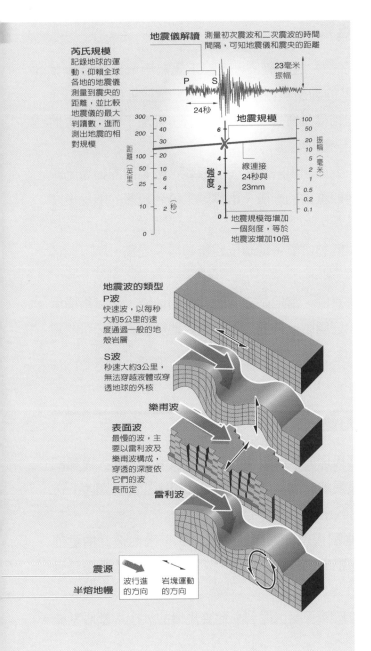

地震儀解讀 測量初次震波和二次震波的時間間隔，可知地震儀和震央的距離

芮氏規模 記錄地球的運動，仰賴全球各地的地震儀測量到震央的距離，並比較地震儀的最大判讀數，進而測出地震的相對規模

23毫米振幅

P S

24秒

地震規模

距離（英里）

強度

線連接24秒與23mm

振幅（毫米）

地震規模每增加一個刻度，等於地震波增加10倍

地震波的類型

P波 快速波，以每秒大約5公里的速度通過一般的地殼岩層

S波 秒速大約3公里，無法穿越液體或穿透地球的外核

樂甫波

表面波 最慢的波，主要以雷利波及樂甫波構成，穿透的深度依它們的波長而定

雷利波

震源

半熔地幔

波行進的方向 岩塊運動的方向

塊，所產生的能量與被推動的地底物質需要找到出口，因此推升出喜馬拉雅山、青藏高原，這股力量至今仍在進行。

就地理位置上來看，台灣處於兩個板塊的交界處，斷層錯動造成地震的機會頻繁，容易發生「板塊邊緣型地震」；而四川地震的震央汶川則位於歐亞板塊中，屬於「板塊內地震」。

黃柏壽表示，地震是一種能量的釋放，當地塊承受的能量超過臨界值，就會變形而破裂。

台灣地震多　能量難累積

　　黃柏壽說，在九二一大地震前，大家都不認為車籠埔斷層會發生大地震，因為很多老的斷層長時間沒有活動，早已被視為「不活躍」；但這些老斷層的結構其實是「鎖得很緊」，平常不輕易發生地震，「但是不動則已，一動則會非常驚人」。

　　中研院地科所副研究員趙里解釋，有些較軟、較鬆散的斷層比較容易釋放能量，而結構較堅硬的斷層，則需要累積到較多的能量後才會破裂。

　　就如台灣，因地震活動頻繁，地層已經錯動得很混亂，所以能量不易累積。

　　趙里以唐山大地震為例，當地是古老而堅硬的地層，可以蓄積承受很大的能量。因此，在唐山一帶要發生這麼大地震的周期，可能需要數千年的能量累積。

印、歐板塊　擠壓力量大

　　而四川汶川離印度板塊與歐亞板塊的交界處很遠，先前大家都認為能量傳遞到此需要很長的時間，且當地斷層「被鎖住的範圍大」，發生大地震的機會相對較小。

　　但黃柏壽強調，兩個板塊的面積規模相當大，因此彼此擠壓的力量也非常大，就算是斷層的位置在板塊內，一旦擠壓還是會嚴重受迫。

　　台灣大學地質系教授陳于高也提到，地震規模的大小與斷層系統的大小有關。

　　台灣車籠埔斷層的破裂面約一百公里，汶川地震龍門山斷層將近

三百公里，所以產生的威力也比九二一大了好幾倍。

 # 堅硬地層大斷裂帶 易肇強烈地震

中央研究院地球科學所副研究員趙里表示，四川大地震的震央所在地汶川，位於易發生破壞性地震的「南北地震帶」上，且其東邊的四川盆地是古老的堅硬地層，板塊擠壓的推動力到此被「堵」住了，造成龍門山斷層帶附近的地勢有相當大的落差。

趙里表示，地震發生需要兩種因素配合。「內因」是斷層本身的結構，「外因」則是板塊擠壓所造成的推力。

大陸有幾條容易發生地震的大斷裂帶，西半部較多，東半部較零星。唐山大地震是發生在「郯廬大斷裂帶」上，這條地震帶北起山東郯城，南至安徽廬江；造成四川大地震的龍門山斷裂帶是在「南北地震帶」上。「南北地震帶」的中軸約在東經100度到105度之間。

這些大斷裂帶是由許多方向一致、受擠壓破裂的小斷層所組成，容易引發破壞性地震，學界目前已能掌握到這些區域，但是何時會發生地震，還要看其是否蓄積足夠的能量。

強烈「抬升作用」釀成大地震

龍門山斷層帶位於四川盆地與青藏高原的交界區，由於四川盆地

四川大地震的震央所在地汶川，是位於易發生破壞性地震的「南北地震帶」上。

所處的揚子地塊地層較古老，古老的地層經長時間的冷卻，加上上層物質的累積擠壓，結構會比較堅硬。所以印度板塊推擠歐亞板塊所造成的推力到了這一帶被堅硬的地層「堵」住了，形成強烈的「抬升作用」：東邊的盆地海拔約400、500公尺，但是西邊的高原陡升到4500公尺。其以每年約兩、三公分的速度上升，長久以來造成很大的高低落差。

在龍門山斷層帶，當這股推力被「堵」到超過了臨界值，就會產生水平及向上的垂直兩股力量，釀成四川大地震。

趙里說，在西藏、雲南、新疆等地，平均每年會發生一起規模7的地震，規模6的地震每年約會有10次；四川、雲南一帶規模4、5的地震

其實也不少，相較之下，成都所處的四川盆地由於地層較堅硬，所以地震較不頻繁。

你Q 我A

Q：什麼是「逆斷層」？

A：斷層是一種破裂性的變形，兩側岩層沿著斷層面相對移動。依斷層面的傾斜角度可以將兩側岩層分成上盤和下盤；逆斷層是上盤對下盤相對向上移動的情況。

Q：震源與震央有何不同？

A：震源是指位於地底，斷層錯動的起始點；而震央則是震源在地表的投影點；震源與震央間的距離稱為「震源深度」。

Q：地震深淺怎麼分？

A：依地震震源深度可分為0到30公里「極淺層地震」、30到70公里的「淺層地震」、70到300公里屬「中層地震」，及震源距地表300到700公里的「深層地震」。

Q：地震可預報嗎？

A：目前地震預報技術多不成熟。但研究單位已發展出一些地震預測的方法，如測量地磁、地電流、地球的化學成分、地形變動，以及觀測地下水等方法，在一定的時間、空間範圍內，預測地震「可能發生」。

翻翻考古題

30.在2004年12月發生的印尼蘇門答臘大地震，從而導致的南亞巨大海嘯，引發了世界各國有關專家的關注與研究。經過調查後發現，靠近震源附近的巽他海溝，其海底凹陷地區，出現了綿延45公里的斷層，斷層落差達10公尺，巨大的能量將海浪推高因此產生巨大海嘯。根據上面的敘述，下列哪一選項是正確的？

(A) 海嘯都發生在海溝處
(B) 陸地產生斷層就會造成海嘯
(C) 只要發生大地震就會發生海嘯
(D) 海底地震導致海底地形產生大落差是造成此次海嘯的主因

必學單字大閱兵

plate 板塊	intensity 震度
fault 斷層	seismometer 地震儀
epicenter 震央	Richter magnitude scale 芮氏地震規模

正確答案　30題：（D）

chapter 11

聰明潛水　知識、裝備都重要

認識潛水

◎林秀美、徐如宜、曾增勳

日前在墾丁漂流三天後獲救的八名潛水客，都是潛水老手卻還是發生意外。高雄醫學大學附設醫院整形外科醫師孫一峰說，這群潛水客雖按潛水表操作，卻因遇到洋流變化加上避免潛水夫病不能一下子就浮出水面，才錯失回船的機會。

什麼是潛水夫病？

大家都知道，汽水是二氧化碳在高壓下溶入糖水，所以打開汽水瓶時會出現很多氣泡，因壓力釋出造成氣體膨脹。同樣的道理，人在潛水時，每下潛10公尺約會增加一大氣壓力的水壓，所以吸入體內的空氣也有部分溶入體液，潛得越深溶到人體內的氣體量越多。

當潛水人從深處浮上水面時，溶入體液的空氣就會像汽水內的二氧化碳會逐漸形成氣泡，若上浮速度太快，肺部無法將新生的空氣泡排出體外，氣泡就會造成肌肉、關節疼痛。若是腦部形成的氣泡無法

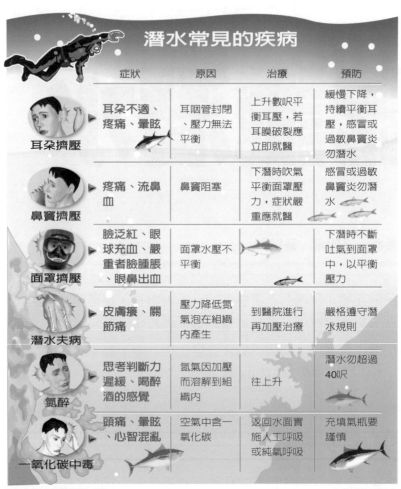

潛水常見的疾病

	症狀	原因	治療	預防
耳朵擠壓	耳朵不適、疼痛、暈眩	耳咽管封閉、壓力無法平衡	上升數呎平衡耳壓,若耳膜破裂應立即就醫	緩慢下降,持續平衡耳壓,感冒或過敏鼻竇炎勿潛水
鼻竇擠壓	疼痛、流鼻血	鼻竇阻塞	下潛時吹氣平衡面罩壓力,症狀嚴重應就醫	感冒或過敏鼻竇炎勿潛水
面罩擠壓	臉泛紅、眼球充血、嚴重者臉腫脹、眼鼻出血	面罩水壓不平衡		下潛時不斷吐氣到面罩中,以平衡壓力
潛水夫病	皮膚癢、關節痛	壓力降低氮氣泡在組織內產生	到醫院進行再加壓治療	嚴格遵守潛水規則
氮醉	思考判斷力遲緩、喝醉酒的感覺	氮氣因加壓而溶解到組織內	往上升	潛水勿超過40呎
一氧化碳中毒	頭痛、暈眩、心智混亂	空氣中含一氧化碳	返回水面實施人工呼吸或純氧呼吸	充填氣瓶要謹慎

資料來源／高醫醫師孫一峰　　　　　　　　　　　　　製表／林秀美

及時排出,則可能造成癱瘓甚至死亡。這些症狀也就是所謂的潛水夫病。

　　所以上浮時必須緩慢的改變深度,讓組織內的氣泡緩慢形成且能及時排出體外。所以深海上浮時,必須分段進行,每上升10公尺休息10分鐘,等體內適應後再上升一段。例如,若在70公尺深的海底活動

一小時至一小時半，上浮也須花至少一小時。孫一峰說，過去潛水夫病以下水作業員居多，隨著海洋休閒活動興起，運動潛水員罹病也增加。

減壓不當　危險高

孫一峰指出，減壓不當分第一型（症狀輕）及第二型（症狀嚴重）。第一型有皮膚癢、水腫及大理石狀紅斑、關節痠痛等症狀；第二型則有頭痛、頭暈、噁心、嘔吐、視覺模糊、語言障礙、記憶喪失、肢體麻木無力、大小便困難等。症狀大多在離水面3小時內出現，也可能延遲至35小時；而中樞神經病變在離水面3分鐘內就出現。

潛水意外事件簿

時間	地點	經過
2005年9月15日	基隆棉花嶼	7名潛水客，2人遭海流沖走，漂流45小時獲救
2004年6月26日	北縣貢寮	1人潛水失蹤，屍體在宜蘭頭城海域發現
2004年3月28日	綠島大白沙	2人潛水失蹤
2003年8月底	屏東恆春	兩夫妻潛水失蹤，屍體卡在礁岩被發現
1999年7月23日	屏東七星岩	21名潛水客，4人漂流30小時獲救，2人失蹤
1998年7月05日	屏東七星岩	1名潛水客被海流帶往菲律賓，又折回綠島、蘭嶼，最後在台東大武溪被救起；漂流36小時

如何安全潛水

配備要齊全 ▶	●有教練帶領的潛水者，應配備面鏡、呼吸管、防寒衣、套鞋、蛙鞋、氣瓶、浮力調整背心、呼吸調節器 ●專業潛者或教練會多攜帶潛水電腦表、浮力棒、水面高音蜂鳴器、閃頻燈等
教練資格 ▶	領有合格的國際教練證照
水流、風浪穩定 ▶	可請經驗豐富的教練或船家協助探測，即使已準備好，遇天候突然變化，也不要勉強下水
潛水深度 ▶	●休閒潛水：在水深18米以內，不要超過30米 ●專業潛水：不要超過39米
自我保護 ▶	●浮出水面前一定要減壓，避免潛水夫病（時間依經驗或由潛水電腦表計算） ●一定要兩人以上同行

製表／李蕙君

95

孫一峰強調，年齡太小或太大，或患有視聽器官、心血管系統、呼吸系統、消化系統、神經系統疾病、頸椎病及皮膚病患者，都不宜參加潛水探險活動。

萬一發生意外，他強調應送至有高壓艙的醫院處置，現場急救可採取下列四招自保：一、保持躺臥姿勢，若遇動脈空氣栓塞症，則採頭低腳高不超過10分鐘。二、身體裹以毛毯、衣物避免體溫散失。三、給予病患呼吸純氧，最好使用封閉式面罩。四、補充體液，症狀輕者給予口服液；嚴重者給予靜脈點滴，最好給予生理食鹽水。

愛玩潛水客 身心都得抗壓

台灣周圍有很多美麗的潛水熱點，卻也經常傳出潛水客出意外的消息，學者警告，潛水運動需要體力、耐力與應變能力，潛水者須具

【閱讀小祕書】
吐氣、憋氣得宜 可防擠壓傷

桃園縣敏盛醫院高壓氧治療中心主任陳興漢表示，國人常在夏日從事潛水休閒活動，擠壓傷害是最常見的。從輕微的面鏡擠壓傷害，到嚴重的空氣栓塞症都有，問題是出在知識不足。

他解釋，下潛時，水壓增加，體內存有空氣的耳朵、鼻竇、肺臟、腸胃道等組織器官，受到水壓壓力體積變小，上升時水壓減少，體積擴張，若耳朵、腸胃道氣體流通阻塞，就有擠壓傷害。

備一定程度的「抗壓性」，能同時抵抗生理與心理的雙重壓力。

　　中山大學海洋環境工程學系教授李賢華表示，在海平面的大氣壓力，約是76公分水銀柱高的一大氣壓；水下十公尺是兩大氣壓，水下二十公尺是三大氣壓；此時必須呼吸三大氣壓高壓空氣，以對抗水壓。

　　另外，海洋生物博物館展示組主任李展榮表示，潛水時也要注意防寒，但潛水衣不只防寒「也可以防曬、避免被鋒利的礁岩刮傷」。

　　潛水的安全裝備分兩種，輕裝備包括蛙鏡、套鞋、蛙鞋、防寒衣、呼吸管、手套。重裝備還要加上浮力衣、配重鉛塊、氣瓶、調節器及錶組，錶組可以顯示氣瓶殘壓表、深度表和指南針。

　　「自由潛水也是流行的極限運動之一，但危險性很高。」李展榮表示，2003年英國女子自由潛水員Tanya Streeter在未帶水肺、完全沒有浮力輔助器材的情形下，閉氣3分38秒潛入加勒比海122公尺深海

　　他指出，憋氣潛水，可使肺靜脈擴張，會降低有效肺容量，當潛水者下潛使用呼吸器，那時吸入的氣體壓力，與周邊的壓力相符，可以防止發生肺擠壓。當在水面時，一般肺部能達到6公升的容量，當屏息潛水下潛到水下30公尺時，肺部的容積便剩下1.5公升，這時已達到正常的肺餘容積。如果潛水人這時候再繼續往下潛，就非常的危險。

　　他說，如果潛水者潛水上升時，水壓逐漸遞減，含氣體的肺臟壓力會減少，肺臟膨脹，正常情況下，潛水者吐氣上升，肺臟內膨脹的氣體體積，可經由呼吸道排出。

　　但若潛水人閉氣上升，肺臟過度膨脹的氣體，因呼吸道阻塞無法排出，會造成肺泡破裂肺擠壓傷害。

後，完全靠個人體力游回海面；這在當時是很驚人的紀錄，但後來又有很多人刷新紀錄。有「魚人」之稱的法國潛水員勒佛米Loïc Leferme，曾創下了174公尺的自由潛水紀錄，但最後卻在一次浮回海面時，因攀附的鋼索卡住而溺斃。

現在自由潛水的世界紀錄已挺進到200公尺以上。資深潛水教練蔡永春表示，這種冒險性潛水，目的在挑戰人類的極限，一般人千萬不要嘗試。

潛水救命裝備

HED燈
強力手電筒
相機閃光燈
衛星定位儀
蛙鏡
氧氣筒
蛙鞋
潛水衣

攝影／宋耀光、簡璧如、洪肇君　　　製圖／陳崑福

不可不知

 GPS、小鏡子 能救命

潛水最怕遇到突發狀況，所以每次下水都應備齊必要的救命裝備，可以在茫茫大海中提高獲救的機會。

國外潛水人員對安全裝備的要求比國內高出許多。

　　首先是全球衛星定位系統（GPS），它不但在陸上行車好用，更是海上救援的利器，最近幾次的潛水救援行動中，搜救單位一再提及它的重要性。空勤總隊救難人員指出，只要透過GPS標出座標，就不難找到失蹤者。中山大學潛水教練林宗正說，GPS可以裝在潛水衣、浮力衣上，雖然價格不低，但潛水客可視為一項「安全投資」。

　　南北潛水資深教練蔡永春表示，如果覺得GPS太貴，隨身帶手機也行。「把手機裝在防水袋或潛水盒中，一樣有定位效果。」現在的潛水盒可做到下潛一百公尺，防水袋也可到數十公尺深。若不小心隨洋流漂走，先減壓浮上水面，再打手機求救。

　　至於其他的潛水救命裝備，一面小鏡子、超強LED燈都是不錯的

選擇。蔡永春說，浮力棒可以摺疊放在口袋攜帶，高音蜂鳴器也很方便，信號槍、閃頻燈及水面染劑，都可以引起注意。若潛水者覺得全部都準備，裝備可能太重，可以與潛伴協調分配；在危機中，多一樣救命裝備，就多一分被救的機會。

安全潛水撇步

出發前	● 檢查裝備，若許久未用，先在水淺處測試 ● 查問當地天氣海況
裝　備	攜帶螢光浮標，白天帶 LED燈，夜晚帶大型燈具
潛水時	● 聽從教練指示，兩人一組 ● 勿靠近礁石或魚網 ● 初學者勿超過20公尺深

資料提供／蘭陽救援協會　　　　　　製表／王燕華

　　蔡永春建議，有些潛點沒有詳細的洋流紀錄可參考，較危險，若真的碰到強勁海流，為了避免被海流帶走，在減壓停留時要多所衡量。

　　林宗正表示，潛水時要臨危不亂，緊急狀況更要冷靜思考；隨時調整自己的步調與呼吸節奏，避免費力過度造成氣喘，保持深且慢的呼吸方式，別憋氣或過度換氣。

你Q我A

Q：潛水氣瓶裡裝氧氣嗎？

A：很多人把氣瓶叫做「氧氣瓶」，以為裡頭裝的是氧氣，這是錯誤的。氣瓶中裝的是「高壓空氣」，也就是壓縮的一般空氣。空氣是由多種氣體混合而成，並非單一氣體，包括氮氣、氧氣、氬、二氧化碳、氖、氦、氪、氫和臭氧等。

Q：胖的人不適合潛水嗎？

A：潛水與胖瘦比較無關，跟身體狀況比較有關。一般人覺得胖子不

容易潛下去，其實下潛有配重帶協助，體重不是問題，肌肉密度才是關鍵。配重帶與體重比約是十比一，50公斤約要攜5公斤的配重帶。潛水與生理狀況有密切關係，血壓高、鼻竇炎患者不要潛水。

翻翻考古題

97年學測／自然

5. 在20℃時，海水的密度為1.0025公克/立方公分，潛水員在海深10公尺處所受到的總壓力，約為下列哪一項？

(A) 1.0大氣壓力
(B) 2.0大氣壓力
(C) 3.0大氣壓力
(D) 4.0大氣壓力
(E) 5.0大氣壓力

必學單字大閱兵

skin diving 浮潛   visibility 能見度
scuba diving 水肺潛水

正確答案　5題：（B）

chapter 12

新型太陽能 沒陽光 也來電

太陽能

◎郭錦萍

　　原油價格才破每桶110美元，國外就有財經大師預言每桶200美元的日子不遠了，研究學界尋求實用性替代能源的腳步跟著加快。至於前兩年很熱門的生質能源，因今年的全球糧荒，被批評是「搶窮人糧食」，於是乎，各國又回頭研究真正既不排碳、抬頭就看得到的太陽能。

　　不過太陽能科技過去最大罩門就在於，一到夜晚或陰天，太陽能電池就一籌莫展。根據《紐約時報》日前報導，已有太陽能業者找到了解決問題的方法，關鍵就在於太陽的熱能。

　　大家在國中時都學過，熱能可轉變成電能，美國太陽熱能公司Ausra的執行副總裁歐唐納舉例，咖啡保溫瓶和筆記型電腦的電池儲存的能量相當，但保溫瓶最多只要150元，筆電電池則要4000多元，這就是何以太陽熱能潛力無窮的原因。

　　現有的太陽熱能電廠都是利用太陽的熱能，將水化為蒸氣，再以蒸氣產生的壓力驅動發電機。不過，太陽熱能系統都不能立即使用，必須像水壩一樣，存夠了水才能放出來。

台灣日照充足，太陽能理應有很大的發展空間，但看在學者眼中，政府或民眾在對太陽能的認知和應用，還要加油。

於是有一家業者將透鏡排成多個同心圓，結合成一個焦距短、可強烈聚光的大型透鏡，用來加熱長達數公里、內含保溫液的黑色管線。另一家則是透過「集熱塔」技術，用數百座反射鏡對著兩個軸心塔投射，其中一個軸針對太陽的日間移動，另一軸則追蹤太陽年線。

在塔內及塔下的儲存槽放了數萬加侖可耐極高溫的熔鹽。只要陽光夠強，一座集熱塔可產生250百萬瓦電力，足夠一座中型城市所需。

太陽能業者表示，利用熔鹽儲存熱能，可讓渦輪發電機完全擺脫太陽西下的限制，較之傳統的太陽光電發電廠，所用的土地少得多，發電量也大多了。

研究太陽能多年的台大機械系教授黃秉鈞指出，美國雖然是產油大國，但石油終有枯竭的一天，美國對太陽能的研發腳步很值得注意。目前已知，美國政府預計要在未來40年投入4000億美元，希望到2050年時，太陽能發電可達到總發電量的69%。

　　黃秉鈞說，美國人提出的構想的確是可行，但若要用在台灣，卻完全行不通。關鍵在於不論是傳統的光電發電廠或新發展的集熱塔，都需要大面積的土地，美國有一堆高溫、無人沙漠，可以用來更有效蒐集太陽熱能，所以最近在北非、地中海區域都有類似的發電構想要興建，台灣要多利用太陽能，必須想出新方法。

台灣太陽能不能
屋頂有限 分散住居才有解

　　台灣日照充足，太陽能理應有很大的發展空間，但看在學者眼中，政府或民眾在對太陽能的認知和應用，還要加油。

　　台大機械系教授黃秉鈞解釋，太陽能因輻射分散分布，平均每平方公尺不到1000瓦，所以土地面積與應用太陽能直接相關，而且能源消耗密度也影響了太陽能的可替代性。

　　根據統計，從面積分析，台灣的平均耗能是日本的2倍、德國的3倍、美國的10倍。日、德政府有計畫的推動太陽能，民眾要裝、政府付至少一半的費用，所以日德民眾使用這類能源的比例較各國都高，美國則是有大片廉價土地設太陽能電廠。

至於國內，黃秉鈞表示，台灣都會區人口集中，每棟建築平均4.4層，就算想用太陽能，能裝的屋頂有限。再者，相關設備的費用仍太貴，整套可供電的設備至少上百萬元，每度電的成本15到20元，和台電的每度3至5元相比，根本不可能讓一般民眾有動機去裝太陽能系統。甚至即使國際油價漲到每桶200美元，太陽能電還是比較貴。

不過，石油能源終究是有限的，台灣98％的能源靠進口，政府若全然沒有未來30年的替代方案是不負責任的。黃秉鈞強調，為了台灣的前途，一定要為利用太陽能找到出路；最根本的方法，就是國土改造，架構更廣的捷運網，把人口往非都會區分散，讓建築物高度降至平均3層樓，才能讓利用太陽能變成可能。

科學知識家
日照40分 全球1年用電量

陽光照地球40分鐘所散發的能量，足抵全球人口一年的用電量。

1960年代開始，美國的人造衛星就已經開始用太陽能電池作為能量源。

太陽將熱能傳遞到地球時，因地表吸收熱能效益不同，地表上的空氣會有不同溫度，當冷熱溫度對流即形成風；而風力也可用來發電，所以一般將風力發電也歸類為太陽能。

愛因斯坦的光電理論，是後來太陽能發展的重要理論基礎；讓他得到諾貝爾獎的也是這篇論文，不是相對論。

太陽光所以能發電，是利用太陽能電池吸收0.2μm～0.4μm波長的太陽光，利用電位差，將光能轉變成電能輸出。

太陽能電池產生的電是直流電，若要用在電氣用品，須再透過直/交流轉換器，才能使用。

由於台灣位於北緯23.5度的北回歸線上，在北回歸線以南才是太陽會直射的區域，將太陽能光電板面朝南可以得到最大效益，將板面仰角設為23.5度，以得到最大日照效益。

12 這種飛機 只要光 不用油

重僅1.5噸 長度與A380相當
白天高飛收日照 晚上低飛防寒

因為油價漲個不停，大型客機不但被批為超級燒油機，現在搭飛機的人除了付機票錢，還要加收燃油附加費；如果飛機能用太陽能當動力，豈不是兩全其美？

這念頭科學家想了很久，也試了很久，美國航太總署也曾研發太陽能飛機，但之前可能都因石油便宜，這類飛行器能得到的關注及經費很有限。

不過瑞士由民間組成的「陽光動力」團隊在去年宣布，將在2011年以太陽能動力的有人駕駛飛機，完成日夜不斷的環球飛行。

他們設計的原型機翼展61公尺，下一階段的新型機會長至80公

夜間也能用太陽能發電

太陽

● **收取熱能**
數百面鏡子隨太陽方位轉動，反射陽光至中央高塔，把塔內熔鹽加熱到非常高的溫度。

● **儲存熱能**
把熔鹽抽入一座大型儲存槽。熔鹽的熱可儲存數天，或者立即使用。

接收器

集光鏡　鏡場

太陽能塔

熱鹽槽　冷鹽槽　渦輪　蒸汽發生器

● **發電**
把儲存槽內的熱熔鹽送往蒸汽發生器。蒸汽推動渦輪，即可隨時發電。

加熱過的熔鹽

（取材自紐約時報）

尺，這個長度和現在全球最大空中巴士A380相當，不過A380重達580噸、一次可搭載500至800人，但陽光動力的飛機重僅1.5噸，只能一人搭乘。這架飛機的背後是個近百人的團隊，並且有著名企業龐大資金協助。

設計者之一的瑞士探險家皮卡爾表示，他們研發的不只是太陽能飛機，而是能夠不用任何燃料、日夜連續飛行的飛機；它在日間接收太陽能，夜裡靠著白天存入電池的能量繼續飛行。

其中的一位工程師也說，設計陽光動力飛機的中心主旨就是「把節省能源推到極致」。原型機機翼覆滿250平方公尺的太陽能光電板，但全部太陽能板一天一夜平均能產生的電力，和點亮一棵裝了200顆30瓦燈泡的聖誕樹差不多。

以這樣的電力要推動四具螺旋槳，飛機的材質必須極輕，為求極簡化，狹窄的駕駛艙沒有暖氣、沒有加壓；飛機在白天要盡量飛高，

以求最好的日照效果，晚上則必須低飛，這樣駕駛員才不致凍壞。

　　看起來，太陽能飛機顯然仍不是好的交通工具，那為何還要花一堆力氣？主事者說，他們深信「世界上最危險的事，不是駕駛太陽能飛機，而是人類還相信可以繼續靠燃燒石油、擾亂氣候、破壞環境而活下去。」

過去到未來，太陽能怎麼用？

　　隨著電池技術的發展，太陽能的應用範圍，從較早期的太陽能車到近期的手機、MP3充電器，到可以跟著日照改變方向的太陽能屋。

必學單字大閱兵

solar energy 太陽能　　　　　　　green building 綠建築
carbon disclosure 碳排放

chapter 13

冬不冷蚊不死　後患無窮

蚊子解謎

◎楊正敏

前一陣子明明很冷，為什麼還有蚊子在耳朵邊嗡嗡嗡的飛來飛去，連台南的登革熱感染病例也冒個不停，難道蚊子已經不怕冷了嗎？

天氣冷　蚊子如何越冬

台北市立教育大學環境教育與資源研究所助理教授黃基森說，全球暖化的確使得蚊子也會在冬天出現。

他說，蚊子在十六度以下的天氣活動力就會減弱，若是天氣持續在十六度以下達三天以上，蚊子就會冷死，數量自然就會減少。

蚊子是利用卵來越冬，蚊子的卵外面有堅硬的殼保護，可以生存至少半年以上，等待最佳的孵化時機。像水溝旁的壁上就很容易找到蚊子的卵，只要條件適合，一孵化成孑子就可以在水中生活。

因此蚊子會在天氣變冷前產卵，就算冬天來臨成蟲凍死了，卵可以存活到明年春天孵化，繼續生命。

全球溫度只要升高1度,蚊子數量就會多10倍。

成蟲越冬 登革熱提早到

可是全球暖化的影響,冬天若不冷,有時蚊子就不必以卵的形式越冬。

黃基森說,民國90年到91年,91年至92年的冬天,就是暖冬,就會造成蚊子沒有冷死,反而可以成蟲的方式越冬,1、2月就提早出現登革熱疫情。

黃基森說,以台灣為例,南部屬於熱帶氣候,就算冬天溫度下降到十六度以下,時間也不會太長久,再加上空屋多,蚊子可以躲在空屋內,不活動、不吃、不喝,進入類似休眠狀態,只要氣溫一上升,就醒來飛到外面叮人,因此南部的登革熱疫情常不分冬夏。

台灣北部因是亞熱帶氣候，冬天溫度較低，蚊子難以成蟲越冬，就只能以卵越冬。

蚊子要孵化除了溫度要適中，還要有水，因為蚊子的幼蟲孑孓是在水中生活。

黃基森說，溫度回升時若雨水不多，蚊子數量可能還不會暴增，但若某一年天氣溫暖，雨水又多，蚊子密度就會增加。

清明後　蚊子大軍壓境

他指出，正常的狀況下，蚊子在清明之後會明顯變多，就是因為氣溫回升，再加上有足夠的春雨，供孑孓生長。只要下雨後二週到一個月內，蚊子數量就會大增。

另外，光照也要足夠，才有利於蚊子生長，一天至少要十三個鐘頭以上，冬天日照短，卵不孵化，幼蟲也不會羽化。

蚊子喜歡的溫度，以28到30度為最佳；天氣太熱也不行，35度以上活動力會下降，因此蚊子清明後開始增加，到6月份數量達到高峰，7、8月天氣太熱會少一點，到了9月份又是另一個高峰，12月後開始減少，1月份應是蚊子最少的時候。

升溫1度　蚊子多10倍

黃基森說，溫度只要升高一度，蚊子數量就會多十倍。以埃及斑蚊為例，分布在嘉義布袋以南，屏東以北，海拔1000公尺以下的地區；溫度因暖化上升時，埃及斑蚊就會往高的地方生長，出現在1000公尺以上山區；甚至可「北伐」成功，往布袋以北擴散。

大量噴藥 殺蚊無效

台北市立教育大學環境教育與資源所助理教授黃基森說，近年來蚊子的抗藥性大增，用藥必須增加三到六倍才有殺蚊的效果，再加上很多民眾用藥的習慣並不正確，也無形中增加了蚊子的抗藥性。

殺蟲劑約有五百種，台灣只用其中的四十種，包括有機磷劑、氨基甲酸鹽與除蟲菊精三大類。

電蚊香 只能驅蚊

民眾常用的電蚊香多為天然或合成的除蟲菊精成分，很多人以為一邊看電視，一邊開電蚊香，蚊子就會死掉，其實這樣只有驅趕的效果，無法有效殺死蚊子，甚至會感覺效果越來越差，蚊子越來越不怕這些藥劑。

他說，液體電蚊香、電蚊香片或傳統蚊香，只適合用在二到四坪的空間，緊閉門窗，人員寵物不要進入，點一小時就可把蚊子擊昏，兩小時就可把蚊子熏死。

用藥錯 蚊子的抗藥性提高

不只民眾使用藥劑的方式不對，連病媒蚊防治的用藥策略都有問題。黃基森說，每平方公里會遇到最多的生物就是蚊子，沼澤區有上萬隻蚊子並不為多，若一直用驅趕用藥，久了就沒效。

他說，曾有一個縣市為了抑制登革熱疫情，在3到4個月內用了20公噸的藥劑殺蚊子，只殺了0.1％的蚊子，還把其他的生物都殺光了，用藥越來越重，蚊子的抗藥性會越來越高。

蚊子病毒片利共生 演化造成

會傳染疾病的昆蟲很多，但蚊子是當中很特別的傳染媒介。台北市立教育大學環境教育系助理教授黃基森說，蚊子傳染疾病的方式，是一種演化的結果。

昆蟲傳染疾病的途徑，一種是機械式傳染，蒼蠅、蟑螂就屬此類，病菌、病毒附在牠們腳上，當牠們爬過一些地方時，會把病菌、病毒留在上面，一般胃腸疾病就藉由這個途徑傳染。

生物性傳染

另外一種是生物性傳染，蚊子就屬於此類，以登革熱為例，當白線斑蚊或埃及斑蚊叮咬到一個帶原的病人，就會把病毒吸到體內的消化道中，在中腸的組織細胞繁殖，儲存在脂肪細胞中，當牠叮咬下一個人時，病毒會送到口器周邊，再吐到健康的人身上，達到傳染的目的。

經卵傳播

　　還有一種垂直傳播是經卵傳播，在登革熱病媒蚊有時可發現這種現象。病媒蚊終其一生都是登革熱的宿主，吸完血產卵時，把人類血液蛋白和登革熱病毒一起送到卵裡，帶著病毒的卵可以越冬，春暖花開時，卵孵化，再羽化為成蟲時，就自然而然帶有登革熱病毒。

　　黃基森說，台灣南部曾經在一、二月發生登革熱，就是這種垂直傳播造成的。

蚊子為什麼只傳染病毒卻不會因病毒死亡？

　　蚊子多半只傳染特定的疾病，像瘧蚊只傳染瘧疾，熱帶家蚊會傳

近年來蚊子的抗藥性大增，用藥必須增加3到6倍才有殺蚊的效果，再加上很多民眾用藥的習慣並不正確，也無形中增加了蚊子的抗藥性。

染狗狗的心絲蟲病，而埃及斑蚊傳染登革熱。為什麼蚊子可以跟這些病毒、病原菌和平共處，這些病毒進到蚊子體內也不會被消化掉？

黃基森說，這是演化的結果。一開始蚊子感染到病毒後，蚊子會死亡，但這樣兩敗俱傷，病毒也無法生存下去了，慢慢演化為一種共生的關係。

他解釋，共生的關係分為互利與片利，蚊子與病原的關係就是片利共生，病原在蚊子體內生存，對蚊子沒有什麼好處；但會傳染疾病的蚊子，只能讓特定的病原在體內生存，其他進到蚊子體內的病原會被消化掉。

Q：蚊子為什麼會嗡嗡嗡？
A：蚊子嗡嗡嗡是翅膀振動的聲音，蚊子翅膀拍動的次數每秒從數百次到上千次，對會吸人血的蚊子而言，這種嗡嗡嗡的聲音不但讓人警覺蚊子來了，更可能是種自取滅亡的聲音。

Q：每種蚊子都吸人血嗎？
A：不是。蚊子共有3500種，台灣大概有130種，只有6到7種會吸人血，提供卵的營養源，演化出吸人血的蚊子，可能是生存競爭後演化的結果，導致某些蚊子要靠吸人血才能繁衍下一代。

Q：蚊子可以飛多高？
A：蚊子飛行除了靠翅膀，還可以靠著氣流，幫牠越飛越高，台灣在

二十七樓左右高度的大樓，都還可以看到蚊子；至於台北101頂樓會不會有蚊子，可以做個調查研究。

Q：病媒蚊可能因為被關在機艙內飄洋過海嗎？

A：蚊子傳染的疾病全球化，不是交通工具造成的，多半是因為候鳥。以2002年在美國造成兩百多人死亡的西尼羅河病毒為例，是因為候鳥身上帶有這個病毒，蚊子吸了鳥血，再去吸人血時，把病毒傳染給人的。台灣也有這種候鳥過境，也有可傳染西尼羅河病毒的蚊子，防疫上應要特別注意。

翻翻考古題

92年學測補考／自然

9.今年台灣的登革熱流行，有人提出用生物防治的方法來控制登革熱的傳染媒介。下列何項是可能的生物防治方式？

(A) 尋找會和登革熱病毒競爭的無害病毒

(B) 噴灑可殺死登革熱病毒的殺菌劑

(C) 引進寄生於斑蚊幼蟲的寄生蟲

(D) 研發登革熱疫苗

13.颱風來襲造成水患後，待清除的垃圾，往往堆積如山，衛生單位
因此呼籲民眾注意身體及飲食衛生，以防皮膚及腸胃道感染，也
應該盡快恢復環境清潔，以防病媒蚊引起登革熱等傳染病。下列
敘述何者正確？

(A) 皮膚或腸胃道感染後，最佳的治療方法是立刻服用抗生素

(B) 水患使下水道的汙水溢出地面，這些汙水中的微生物都是致病
菌

(C) 引起腸胃道感染與引起登革熱的微生物皆可行分裂生殖

(D) 有些細菌以煮沸方式處理仍然無法去除，主要由於這些細菌會
產生內孢子

9.埃及斑蚊是傳染登革熱病毒的媒介之一。有一地區在密集噴灑殺蟲
劑後，此蚊族群量減少了99%，但是一年後，該族群又恢復到原來
的數量，此時再度噴灑相同量的殺蟲劑後，僅殺死了40%的斑蚊。
下列敘述何者正確？

(A) 殺蟲劑造成斑蚊基因突變，產生抗藥性基因

(B) 斑蚊身體累積的殺蟲劑增加了自身的抗藥性

(C) 原來的斑蚊族群中，少數個體有抗藥的基因

(D) 第一年的斑蚊族群沒有基因的變異

必學單字大閱兵

wiggler；wriggler 孑孓　　　malaria 瘧疾
vector 傳染媒介　　　　　　larval stage 昆蟲幼蟲期
mosquito 蚊子　　　　　　　proboscis 口器
dengue fever 登革熱

正確答案　9題：（C）　13題：（D）　9題：（C）

chapter 14

你賞的桐花　原是外來種

油桐花解謎

◎林嘉琪

　　各地方政府最近都忙著宣傳，提醒大家，賞桐花的時候又到了，官方統計，桐花每年吸引300萬人次，創造30至35億產值。但多數人

可能不知道，現在被包裝成台灣意象之一的白色桐花，其實是原生於中國華南與東南亞的外來種植物。

油桐19世紀入台　拚經濟

　　油桐在15世紀從亞洲傳到歐洲，18世紀再引種到世界各地，台灣直到1850年，因為經濟價值與造林政策的關係，才把油桐引種入台。

科學知識家
神祕油桐謎　雌雄異株開大花

　　油桐和其他多數雌雄異株植物最大不同，是後者開的多是小而不明顯花朵，但油桐卻是綻放亮白又顯目的桐花，桐花為何有這樣的演化結果，在生物學中仍是個謎。

　　中興大學森林系助理教授曾彥學指出，千年桐是單性花，多數是雌雄異株，偶爾有雌雄同株，而雌雄同株中又有少數是雌雄同序，性別表現不穩定。

　　當外界環境改變或植物受到傷害時會產生反應機制，花序中會出現不同性別的花，例如：雄株中會出現雌花序，雌株中卻出現雄花序，同一花序出現不同性別的花，或同一株中同時有雄花序及雌花序。

　　台灣大學生態學與演化生物學研究所副教授胡哲明指出，全世界

綻放桐花的油桐樹，是世界上少數雌雄異株植物裡的「特殊分子」，台灣的油桐在每年4、5月盛開，這更是油桐原生地前所未見的景致。

桐樹開花　美麗1個月

桐花從花序抽出小芽，長到第14天，花苞長度就已固定，這也表

有26萬種開花植物，雌雄異株植物只占6％，大部分雌雄異株植物的花朵偏小，外觀不顯著。但油桐卻異於常態，長出了平均直徑能到達2.5到5公分的白色花朵。

胡哲明說：「生物的樣貌都有其生存的道理。」那麼，到底油桐為何開出大朵白花？油桐的生存策略是什麼？胡哲明表示，油桐的祕密到目前為止，仍未被人們所理解。

胡哲明表示，當時引種油桐入台，應該沒有同時引進油桐原生地的傳粉者，經過這一百多年、已適應台灣環境的油桐，可能在本地找到了替代的授粉者。所以，我們無法以目前觀察到的授粉昆蟲，來解釋桐花生物特徵的動機與原因。

胡哲明認為，要探究雌雄異株的桐花為何長得又大又美，就必須追溯到油桐的原生地，深入中國華南或東南亞地區，觀察桐花在原生地的授粉昆蟲是什麼，而這個生態研究很有機會勘察到生物「不可預測性」的驚喜。

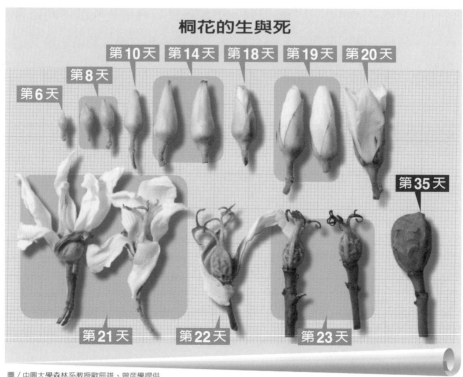

桐花的生與死

第6天　第8天　第10天　第14天　第18天　第19天　第20天

第35天

第21天　　第22天　　第23天

圖／中興大學森林系教授歐辰雄、曾彥學提供

示桐花的雄蕊已發育完全。

　　而第一朵油桐花從花蕾期到開花大約20天；從花苞露出白色花瓣，到花朵完全展開約要36小時，全花綻放到凋謝僅有2天，一個花序約有5至8天的花期，而一棵油桐花期可以維持20至30天的開花天數。

油桐　經濟價值高

　　美麗的桐花帶動觀光商機，而油桐樹木也具有經濟價值。油桐木

材可製成民生用品，油桐果實則可以榨油加工，油桐落葉則是天然有機肥料，可以促成土壤變化。

　　前農委會林業試驗所組長潘富俊說，台灣民眾一般稱的「油桐」，泛指「千年桐」與「三年桐」，桐花季大家賞的，主要是千年桐的花。

　　千年桐的桐花，花期一般在3至5月，花瓣白色，花朵基部帶有紅色；千年桐的核果近球形，核有2至4顆種子，果皮有皺紋，因此千年桐又稱「皺桐」。

　　三年桐的桐花，花多開於3、4月。花瓣也是白色基部帶點紅色。一次會有3至5顆種子，核果卵形至球形，果皮光滑像蘋果，所以也稱「光桐」。

桐花季　千年桐撐大局

　　千年桐木質偏紅（紅肉），三年桐偏白（白肉），兩種油桐木材皆輕軟，不適用作建築材料，卻能當成砧木利於養殖香菇或黑木耳，還可以製造木屐、牙籤與火柴棒梗。

　　油桐果實榨取出的桐油，在工業上的用途極為廣泛。桐油可製成油漆和防水漆，特色是具有光澤、不傳電、不透

雌雄花樣不同

台灣油桐多數是雌雄異株，
上圖為雄花，花內只見雄蕊，
下圖為雌花，花瓣尾端較紅，
花內有明顯子房。

圖／中興大學森林系教授曾彥學、台灣大
學生態學與演化生物學研究所副教授
胡哲明提供

水、耐酸鹼腐蝕，並且能迅速乾燥，油質優良的還能製作為肥皂、印刷油墨。

油桐雖侵台 靠美色博眾愛

前農委會林業試驗所組長潘富俊表示，日據時代被引種入台的油桐，很能適應台灣的地理與氣候環境，原本應該更喜好溫熱帶區域的油桐，還在北台灣發展出耐寒能力。

造林取景 擴張栽植

台灣大學生態學與演化生物學研究所副教授胡哲明分析，油桐早年作為造林以取木材、種植榨取桐油等用途，數量在供需之間維持一定的平衡，但現在轉向觀光、造景與休閒目的，甚或有民宿業者或餐廳為了「造林取景」，零星地種植油桐。由於油桐在本地天然下種的能力極佳，在自然與人力的推波助瀾之下，造成了油桐植物族群的不斷擴張，也取代了生長地的原生樹種。

胡哲明解釋，油桐雖然是外來種，入侵性也強，但因為外觀美麗，所以不像「小花蔓澤蘭」、「大花咸豐草」（或稱鬼針草）等外來入侵植物，那麼地令人們感到備受威脅。

尊重每種植物的在地特性

不過他也認為，把油桐這樣的外來物種，視為台灣意象的圖騰，其實會流於一種炒作自然、過度利用的現象，而這樣的過程也揭露了許多民眾對台灣生態觀的扭曲。

那麼，到底我們對油桐栽植或桐花祭，應該採取什麼態度呢？胡哲明建議，不要把桐花意象無限上綱成某種崇拜圖騰，不要在原生樹種的森林中刻意栽植這類的外來種植物。對於已長在公園、路旁的油桐，倒也不用特意砍伐。

潘富俊說：「在島嶼上的植物，都是因緣際會，才來到這土地落腳。」潘富俊認為應該要尊重每種植物的在地特性，但是「即便是台灣原生種的山櫻花，遍地種植的後果，也就失去原生特色。」

氣候異常

 # 開花時間錯亂吃老本折損快

2007年12月底，桐花、杜鵑，都提前在各地綻放，靜宜大學生態學系教授楊國禎指出，花期會亂，是因為氣候異常，讓植物提前「發春」。

楊國禎說，去年底油桐雖然開花，但葉片稀少，原因可能是植物沒歷經春天的發芽期勉強開花，導致根莖與葉片都來不及進行光合作用，這對植物來說是「吃老本」，對植物會產生損害，也可能會造成

死亡。

　　而花期大亂，對於覓食桐花的昆蟲來說，會減少食物來源。習慣在4、5月要飽餐油桐花蜜的蜜蜂與蠅類，因為趕不及冬天出來覓食，錯過花期，吃不到春天的蜜源植物，長期下來會造成生態危機。楊國楨認為，花期錯亂不但折損植物，其實也在提醒人們關注氣候影響生態的警訊。

　　中興大學森林系助理教授曾彥學在研究中說：「受天候的影響，對於氣候異常敏感的物種在物候表現上會做出最迅速反應。」

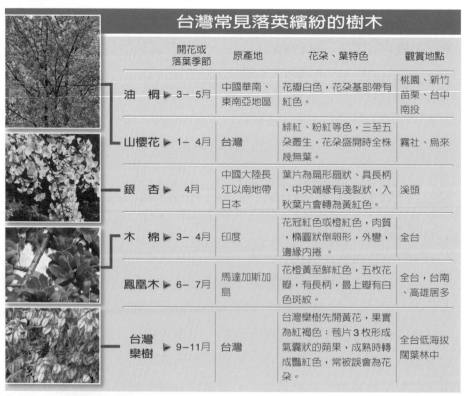

台灣常見落英繽紛的樹木

	開花或落葉季節	原產地	花朵、葉特色	觀賞地點
油 桐 ▶ 3－5月		中國華南、東南亞地區	花瓣白色，花朵基部帶有紅色。	桃園、新竹、苗栗、台中、南投
山櫻花 ▶ 1－4月		台灣	緋紅、粉紅等色，三至五朵叢生，花朵盛開時全株幾無葉。	霧社、烏來
銀 杏 ▶ 4月		中國大陸長江以南地帶日本	葉片為扁形扇狀、具長柄，中央端緣有淺裂狀，入秋葉片會轉為黃紅色。	溪頭
木 棉 ▶ 3－4月		印度	花冠紅色或橙紅色，肉質，橢圓狀倒卵形，外彎，邊緣內捲。	全台
鳳凰木 ▶ 6－7月		馬達加斯加島	花橙黃至鮮紅色，五枚花瓣，有長柄，最上瓣有白色斑紋。	全台，台南、高雄居多
台灣欒樹 ▶ 9－11月		台灣	台灣欒樹先開黃花，果實為紅褐色；苞片3枚形成氣囊狀的蒴果，成熟時轉成豔紅色，常被誤會為花朵。	全台低海拔闊葉林中

圖／中國文化大學景觀學系教授潘富俊提供　　　　　　　　　　　　　　　製表／林嘉琪

14

必學單字大閱兵

Aleurites montana (Lour.) Wils 千年桐

A. fordii Hemsl 三年桐

entomophily 昆蟲授粉

melittophily 蜂類授粉

myophily 蠅類授粉

dioecious / dioecy 雌雄異株花

monoecious / monoecy 雌雄同株異花

inflorescence 花序

bloomy 盛開的

14

chapter 15

大強子對撞機造出黑洞 毀了地球？

宇宙大爆炸

◎李承宇

　　兩個帶著宇宙大爆炸時超強能量的質子，最快將在2008年夏天對撞。這一撞，會撞出物理學上的大發現？還是撞出毀滅地球的強大能量？全世界都在看。

　　在日內瓦附近的歐洲粒子物理中心（CERN）建造的物理界有史以來最大規模工程：大強子對撞機（Large Hadron Collider，LHC），最快在2008年5月運轉。

美國人提告 要求喊停

　　大強子對撞機主要在進行質子對撞實驗，它可以賦予質子幾乎是宇宙大爆炸時的能量，科學家希望藉此找到新粒子、黑暗物質，甚至

是解開宇宙誕生之謎。不過日前有兩個美國人擔心大強子對撞機可能製造出「黑洞」，吞噬地球讓世界末日來臨，一狀告上夏威夷聯邦法院，要求阻止對撞機啓用。

大強子對撞機是一種粒子加速器，可以賦予每個質子7兆電子伏特的能量；兩個質子以幾近光速的速度對撞後，會產生14兆電子伏特的能量。電子伏特（eV）是能量的單位，代表一個電子經過1伏特電場加速後所獲得的動能；質子質量約1.67×10^{-24}公克，約為10億電子伏特。

理論上，這些能量如果集中在很小的區域中，因質能可互換，所以可能形成黑洞。但是這種微型黑洞非常不穩定，能量很快就會衰變而讓黑洞消失。

這主要是因為能量守恆，在地球上造成的黑洞質量必小於地球，該對撞機所可能造成的黑洞，其質量亦必遠小於地球，所以不可能會「吸掉」或毀掉地球，小質量的黑洞在地球上是會與我們相安無事的。

宇宙射線　能量高過LHC

歐洲粒子物理中心也表示，宇宙射線中的粒子不斷撞擊地球，能量都比大強子對撞機更高，沒有出現黑洞，世界也沒有毀滅。中央研究院物理所研究員李世昌說，宇宙射線穿過大氣層後剩下渺子，三不五時這些渺子就會打到我們頭上。

李世昌說，大強子對撞機會不會造成黑洞或毀滅世界，「若什麼都怕，就什麼都不用做了。」

裝機前　先排除干擾源

經濟部標準檢驗局技正林靜賢表示，如果雷達測速器附近有頻率接近的聲音、強烈光線等，都可能影響準確度，所以設置測速器前須先做實際評估，或先排除干擾源。

交大運輸管理學系系主任吳宗修則認為，環境干擾源對測速器的影響，在學理上雖不能被完全排除，但測速儀器本身的「功能失準」更可能造成測速器測不準。

例如：下雨天水氣滲入造成失準；也有可能測速器前端硬體沒問題，是後端計算軟體出狀況，所以這些涉及公權力的儀器都須不時校正，才能公正執法。

興建中的大強子對撞機。

130

LHC 盼撞出上帝粒子

　　LHC的主要目標是希望撞出希格斯粒子（Higgs particle）。台灣大學物理系教授張寶棣表示，在1970年代，粒子物理界建立了一套描述基本粒子的「標準模型」，其中包括強作用力、弱作用力及電磁力等。物理學家已經找到大部分基本粒子，只剩希格斯粒子還沒被找到；希格斯粒子又稱「上帝粒子」，根據「標準模型」，當希格斯粒子與其他基本粒子：夸克、輕子等交互作用後，才產生質量。

　　張寶棣表示，一質子中有三個夸克，在大強子對撞機中，高能量

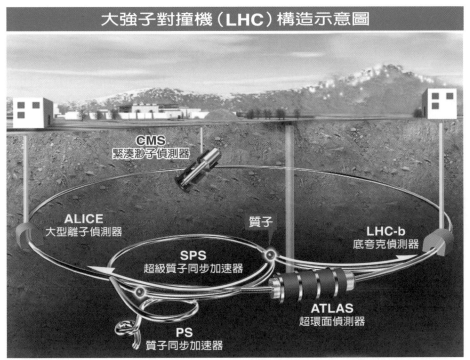

● 兩道質子束一開始在次級加速器PS中加速，到一定速度後導入SPS（超級質子同步加速器）再加速；最後將兩道質子束導入大的圓形管道中，朝反方向繞行後撞擊。　　資料來源／歐洲粒子物理中心網站

的質子對撞後將夸克打出，與真空交互作用後「會產生一堆粒子」，在如此高的能量撞擊下會產生什麼粒子目前並不知，但只要用更高的能量就可以產生更多的粒子，所觀測到的機率也會越大。

理論上應該有
科幻小說 愛拿反物質做文章

除了尋找希格斯粒子這項重要任務外，「大強子對撞機」也希望能解開物質與反物質之謎。

在暢銷小說《達文西密碼》的姊妹作《天使與魔鬼》中，反物質被神祕教派竊取，作為摧毀梵蒂岡的武器，男主角羅柏蘭登須在24小時內找到。

【閱讀小檔案】

歐洲粒子物理中心

歐洲粒子物理中心（CERN），是興建「大強子對撞機」的研究機構，其位於法國與瑞士的交界，在1954年成立，是世界上最大型粒子物理學實驗室。

在丹布朗的小說《天使與魔鬼》中，製造出反物質而被殺害的科學家，正好就是CERN的成員，男主角羅柏蘭登就是應CERN的主席之邀去

在科幻影集、電影《星艦迷航記》中，反物質則是提供太空船「企業號」曲速引擎能量的組成物。

張寶棣表示，根據量子論與相對論，在宇宙大爆炸之後，能量轉換成為等量的「物質」與「反物質」，反物質與物質的質量、結構相同，電荷性質相反，但是如果兩者碰在一起，就會「湮滅」成極大的能量，宇宙就會消失。但是，宇宙並沒有因為物質與反物質相撞而消失，反物質似乎都不見了，只剩下物質。1933年諾貝爾物理學獎得主狄拉克首次預測有電子的反粒子：「正子」存在。1995年，歐洲粒子物理中心在實驗室中成功製造出第一批反物質：反氫原子。

張寶棣說，目前學界認為關鍵因素是「電荷宇稱破壞」（CP破壞）。1964年，美國學者發現在K介子與反K介子混合時，有千分之二的CP破壞，顯示物質與反物質有根本的差異。

台大物理系高能物理研究團隊研究B介子和反B介子，也發現兩者在衰變過程中確實不同，正粒子可能衰變得比較慢，所以留下來比較

調查反物質的失蹤事件。書中一開始對這個研究中心的描繪著墨甚多。

平常大家上網時，在網址列上打的「www」，發源地也是CERN，它最初是方便科學家彼此溝通的一種網路技術，在1993年時，CERN宣布將全球資訊網開放給所有人使用，不收取任何費用。

CERN的主要任務是提供粒子加速器和其他基礎設施，以供粒子物理的國際合作實驗，目前有20個會員國；它也具備運算能力強大的電腦中心來分析實驗數據。

多。但在目前的標準模型中，CP破壞理論對粒子、反粒子差異的解釋力還太小，差100億倍，不足以解釋為何到最後剩下這麼多的物質。

粒子物理學家一直在追尋標準模型對於物質、反物質間關係的解釋。台大物理系團隊在2004年發現中性的B介子和反B介子的衰變率確實不同；今年登在《自然》（Nature）期刊上的最新研究，則是發現帶電B介子和中性B介子的CP破壞有很大差異，違反了標準模型的預期。

張寶棣表示，或許未來「大強子對撞機」可以撞出質量很大的新粒子，而證明這種粒子會影響B介子的衰變。

物理學家也計畫在太空中尋找反物質。諾貝爾獎得主、華裔科學家丁肇中所主持的「國際太空反物質探索計畫」（AMS），是利用放置在太空站中的磁譜儀偵測宇宙射線中的粒子與反粒子。

中研院物理所研究員李世昌表示，因為自然界中反氦存在機率幾乎等於零，所以如果能在太空中捕捉到「反氦」，就能證明在宇宙初始的時候確實有反物質。如果能偵測到「反碳」則可以證明有「反星

科學知識家
超大環形軌道 耗能最小

中央研究院物理所研究員李世昌表示，環形加速器的圓周越大，能提供的能量也越大。

為了減少能量耗損，大強子對撞機會先將粒子在圓周比較小的次級加速器中先加速到一定速度再導入大的環形管道中。

球」的存在，因為碳元素只能藉由星球的強大重力才能核融合形成。

必學單字大閱兵 ─────────────

proton accelerator 質子加速器   antimatter 反物質
particle 粒子   annihilation 湮滅
black hole 黑洞   disintegration 衰變

15

  張寶棣表示，大強子對撞機的關鍵技術在於磁場、電場能很精確地讓質子在繞行的每一圈中都保持相同的軌跡，如此才能讓質子在幾近光速的速度下，在指定的位置對撞。

  LHC有四個實驗組，分別為ATLAS、ALICE、CMS，以及LHCb。台灣的中研院與台灣大學、中央大學等研究團隊，分別參加ATLAS及CMS兩個實驗。ATLAS與CMS都是測量粒子軌跡與能量的儀器。

chapter 16

纖細紫斑蝶 滿載遷徙謎

紫斑蝶解謎

◎程嘉文

　　每逢清明前後，紫斑蝶就會出現大數量的北返遷移，因這幾年民眾保育觀念抬頭，有些位於蝶道上的鄉鎮會在這個時節舉辦「紫斑蝶季」。由於紫斑蝶遷徙路徑經過國道三號，高公局去年起開始為蝴蝶加護欄、機動封閉車道。

　　今年高公局還將護欄高度由去年的2.5至3.5公尺加高到4公尺，並把距離從90公尺拉長到400公尺，還將封閉車道門檻降低到每分鐘五百隻，希望讓更多紫斑蝶能安全飛渡這一段「天塹」。

紫斑蝶　學候鳥遷徙

　　台灣過去曾有「蝴蝶王國」之稱，目前在本島共發現四種紫斑蝶

（Crow），分別是：端紫斑蝶、圓翅紫斑蝶、斯氏紫斑蝶與小紫斑蝶。紫斑蝶並非台灣唯一的重要蝶種，但是因其特殊的遷徙習性，近年來在國內逐漸興起觀蝶熱潮。

大部分的蝴蝶只出現在春夏季節，在秋冬季變冷之前產卵，隨後死亡，隔年春暖花開時幼蟲再破卵而出。紫斑蝶是少數能以成蟲方式度過寒冷冬天的蝶類。

美帝王斑蝶 也跨國飛

但對紫斑蝶來說，台灣中北部冬天還是太冷，因此牠們發展出類似候鳥遷徙習性，冬天之前陸續南飛到溫暖山谷裡休息，等到寒冬過去氣候回暖後再飛回北方。這種「候鳥」型蝴蝶當中，最出名的就是北美的帝王斑蝶。每年秋末，牠們會以總數上億隻的驚人規模，從美國西部各洲飛行數千英里抵達中美洲墨西哥的山谷越冬，形成世界級生態景觀。

除了帝王斑蝶外，台灣的紫斑蝶堪稱是目前已知「世界第二大」的遷徙。大英博物館在2003年出版的《蝴蝶》一書中，就將台灣的「紫蝶幽谷」和墨西哥「帝王斑蝶谷」並列為世界上兩個大規模的「越冬型蝴蝶谷」。

紫蝶幽谷 沒低溫強風少

「紫蝶幽谷」其實並非某一特定山谷，而是台灣南部山區的一些適合紫斑蝶越冬的山谷，主要分布在高雄縣茂林與寶來山區、台南曾文水庫、屏東縣北部山區等地區。這些山谷的特色是緯度處於北回歸

這是在台東看到大群蝴蝶飛舞的景象，當地人說，以前的數量更多；雖然現在商人已不捉蝶加工，但因棲地被破壞，全台蝴蝶已遠不如三、四十年前。

線以南、海拔高度低於500公尺、附近擁有穩定的水源、開口朝向西南方，正好背對冬季盛行風的風向，使得谷內不致出現低溫與強風，另外谷內的植物種類也適合蝴蝶在此覓食與繁衍。

　　不過，對於台灣紫斑蝶的越冬遷徙行為，至今仍然有許多部分還是尚未填補答案的生態之謎。由於蝴蝶長相都一樣，要了解蝴蝶的生命史必須投入

這是在國道上撿到被車撞死的蝴蝶。

長時間的觀察與標記。目前而言，對於蝴蝶在清明節前後北返的路徑大致比較清楚，至於秋季南下的確實路徑，目前掌握程度還不高。

護蝶封國道 要牠平安過

研究紫斑蝶遷徙的生態工法基金會研究員詹家龍指出，目前已知的紫斑蝶北返「蝶道」分東西兩條：西線是由屏東北部等地開始，沿著中央山脈的山麓地區前進，進入彰化八卦山區後，蝶潮逐漸分散；至於東線蝶道大致由台東縣南部開始，沿花東縱谷北上，到台東縣北部池上等地逐漸分散。東線蝶道一直到2004年

近兩年國道都為護蝶封閉車道，高雄茂林鄉是最早設立標示，提醒用路人減速，讓蝴蝶先過。圖／聯合報資料照片

139

5月，蝴蝶學會義工在花蓮富源發現一隻先前在屏東大武山區被作標記的紫斑蝶，才確認存在。

捕蝶人口　近年變少

　　詹家龍說，早年捕捉蝴蝶製作工藝品出口，是台灣重要的外匯來源之一。因此捕蝶人利用冬季紫斑蝶大量聚集在南部山谷的機會，利用晚間進入蝶谷，以聚光燈與毒劑大量捕殺蝴蝶。現在雖然已經沒人製作這種工藝品，但是族群數量仍遠不如20、30年前，主要是因為棲息環境被破壞。因此雖然大量捕獵蝴蝶的行為已經不見，但是蝴蝶遭逢的危機卻比以前還嚴重。

林內　國蝶道交會樞紐

　　雲林縣林內鄉是西部紫斑蝶北返路徑上的一個關鍵地點，蝶群在此地飛出淺山，向北跨越濁水溪進入彰化縣八卦山區。在國道三號完工後，蝶群更必須穿越車輛急馳的高速公路，車輛撞擊加上氣流干擾，造成不少意外傷亡。

　　根據台灣蝴蝶保育學會在2005年3月22日的觀察記載，林內山區曾經出現四個半小時內數到約六十萬隻紫斑蝶飛過的紀錄，把天空畫出了一條幾何彎曲線。雖然壯觀，但是根據蝴蝶保育學會的觀察，估計當時至少有一萬三千多隻蝴蝶在越過高速公路時「陣亡」。主要集中在清水溪橋南側橋台路段。

闢路護蝶　撞死的蝶少了

在保育人士的呼籲之下，國道高速公路局也從善如流，從去年起開闢了全世界第一條「蝶道」。一方面在路旁架起圍籬，迫使蝴蝶必須飛高越過車道，另外如果「蝶流」密度增高時，就暫時封閉外側車道。根據詹家龍的調查，去年紫斑蝶被車撞死的比率降到百分之一以下。消息傳出，也引發國際間的興趣，今年就有外籍媒體與蝶友特地來台觀察蝶道，對我國的保育形象也算是加了正面的一筆。

高公局今年進一步把防護網加高，並且把封閉車道的門檻降低，同時也在高架橋下設置導引的日光燈管，希望吸引趨光性的紫斑蝶改從橋下經過，避免飛越危險的「高空」路線。但這些措施的成效，其實並不明顯，去年的觀察顯示，部分紫斑蝶會從有水的清水溪橋下通過，但大多不走人為牠們安排的廊道。至於今年會有多少紫斑蝶過境，還有待觀察。

人類學罕見

 # 魯凱、排灣　圖騰有蝴蝶

國內學界最早觀察並報告紫斑蝶遷徙行為的人，是1970年代北市成功高中的教師陳維壽（也是成功著名的「蝴蝶館」創辦人）。不過對於居住在南部山區的魯凱族與排灣族來說，他們不但早就發現紫蝶幽谷，蝴蝶大量出現在衣飾圖騰與傳說中，對文化有很大影響。

魯凱與排灣族的居住地點都在中央山脈南部的山地，這些地區正好也是紫斑蝶越冬聚集地，因此蝴蝶也在兩個部族的傳統文化中占有一席之地。

　　魯凱族與排灣族社會具有嚴格的貴族階級制度，各種圖騰、雕刻品及飾物都有其象徵意義及嚴格規定。

　　在霧台地區的魯凱族，佩帶蝴蝶頭飾代表是部落裡跑得最快的勇士，善於編織的女人才可以穿上有蝴蝶紋的服飾。

科學知識家
雙翅滿鱗粉 蝶舞色繽紛

　　蝴蝶在生物分類學上，屬於鱗翅目（Lepidoptera）。鱗翅目是昆蟲綱中第二大的目，包括各種蝴蝶和蛾類。鱗翅目屬於完全變態昆蟲（卵、幼蟲、蛹、成蟲，不經蛹階段的稱為不完全變態）。最大的特色是大多數種類的成蟲有兩對覆滿鱗粉的翅膀，口器呈吸管狀，可以收捲，以吸取汁液維生。

　　中興大學昆蟲系教授李學進表示，鱗翅目昆蟲的翅膀因為有彩色鱗片，使得鱗翅目的翅膀花色變化多，可說是昆蟲界之冠。繽紛色彩的翅膀除飛行的原始功能之外，有助吸引異性，或者某些花紋可以嚇退對手，例如蛇目蝶的翅膀上有多個類似蛇眼的圓圈圖形，讓捕食者不敢任意下口。

　　甚至如紫斑蝶等部分鱗翅目成蟲，可以啃食一般動物吃了會中毒

北排灣族傳說中，還有兩隻蝴蝶「古勒勒」及「孆蓋蓋」變成人而相戀的故事。

以蝴蝶為圖騰，在台灣其他原住民當中絕無僅有，在世界人類學的紀錄上也並不多見。

紫斑蝶遷徙路徑

北
台北　龍洞
竹南　宜蘭
八卦山　花蓮
林內
③　秀姑巒溪口
茂林　台東
春日　大武

紫斑蝶　　　　紫斑蝶前年
北遷路線　　　新發現北遷路線

16

的澤蘭類植物，並且將這些植物的有毒生物鹼保留在體內，獵食者一旦捕食也會中毒，之後吃過苦頭的獵食者就不敢輕易再向同類下手。

目前全球鱗翅目有約40個以上的總科、約120個以上的科及超過18萬種的種類，是僅次於鞘翅目（甲蟲）的第二大目，絕大部分屬於蛾類，蝶類只占十分之一左右。根據中研院生物多樣性中心所建構的台灣生物多樣性資訊網顯示的統計，國內已知的鱗翅目有80個科、1949個屬、4448種。

蛾與蝶的主要差異，是蝶類的觸角細長呈棍棒狀，蛾類的觸角有羽毛狀、櫛齒狀、絲狀等多種。另外，大部分的蝶類在白晝活動，大部分蛾類在夜間活動；停棲時通常蝶類的雙翅豎立合併在體背，蛾類則是垂放身體兩側；大部分蝶類的身體較苗條，蛾類較粗短；大部分蝶類不會吐絲作繭，蛾類通常會吐絲：不過這些大原則都有例外。

必學單字大閱兵

cockroach 蟑螂

classical conditioning 古典制約

neuron 神經元

cognitive 認知的

synapse 突觸

biological clock 生理時鐘

chapter 17

薄荷啓動TRP 一陣涼意

溫感受器

◎楊正敏

清明時節雨紛紛，又把北部氣溫降到15度以下，讓不少人直問
「春天怎會這麼冷？」不只天氣令人有冷熱溫涼的變化，連食物都會
有類似的作用，例如吃薄荷糖會覺得涼；吃辣椒會覺得熱，這跟天氣
帶來的冷熱感覺又有什麼關聯呢？

冷熱 抽象的形容詞

冷熱是一種抽象的形容，每個人感受差異極大，同樣溫度有人
覺得冷、有人覺得還好。雖然冷熱隨人不同，但人體皮膚、舌頭細胞
上，都有「溫感受器」，會感應溫度的變化，就像人體的溫度計。

陽明大學神經研究所助理教授連正章說，溫感受器是屬於離
子通道的一種，稱為瞬時受體電位離子通道（Transient Receptor
Potential Ion Channels, TRP）。過去發現的離子通道，多半只讓某
種離子通過，但TPR卻是非選擇性的陽離子通道。

天冷的時候常見動物園猴子擠在一起取暖,但動物到底是如何感覺到「冷」,科學家其實還不是完全清楚。圖／聯合報資料照片

TRP群 掌管不同溫度

他解釋,當溫度變化或有化學物質刺激時,就會活化皮膚和末梢感覺神經細胞膜上的TRP,TRP離子通道打開,細胞外的陽離子就會湧入細胞,使得末梢感覺神經細胞去極化,誘發神經的動作電位,之後會把這訊息由脊髓和腦幹傳入丘腦,最後傳入大腦皮層,產生冷暖的感覺。

連正章表示,TPR是一個非常大的家族,光是掌管人類對溫度感受的TRP就有好多個,溫度不同打開的TRP也不同,就像是個精準

的溫度計，例如俗稱「薄荷受器」的TRPM8，只會在攝氏20度左右活化，但研究發現，TRPM8不只在20度左右溫度時會開，吃到薄荷時，其中的薄荷腦成分也會活化TRPM8，所以人吃了薄荷以後就會有涼涼的感覺。

2000年科學家發現熱溫感受器TRPV1和TRPV2，其中TRPV1在攝氏43度會活化，而辣椒裡的辣椒素也會活化這個離子通道，所以吃辣的東西時會讓人感到熱辣，英文就是用hot來形容辣的感覺。到了

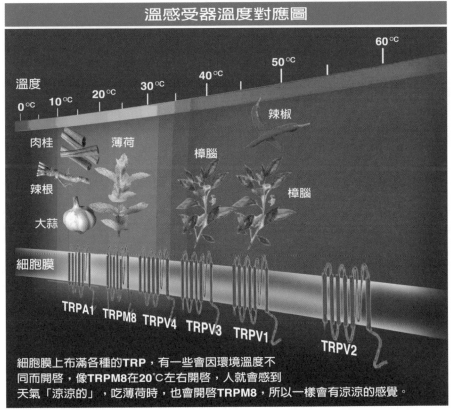

溫感受器溫度對應圖

細胞膜上布滿各種的TRP，有一些會因環境溫度不同而開啓，像TRPM8在20℃左右開啓，人就會感到天氣「涼涼的」，吃薄荷時，也會開啓TRPM8，所以一樣會有涼涼的感覺。

註：**TRP**為瞬時受體電位離子通道　　　資料來源／連正章

50度左右時TRPV2會活化，但這時除了熱，還會感到痛；相反的，冷到了極點也是一種痛覺，因此這些溫感受器與疼痛也有關聯。

感覺 事關危險偵測

但為什麼這些TRP可以在特定的溫度下，或接觸到某些化學物質刺激時才被活化？連正章說，機轉到目前還不清楚。

他指出，TRP除了管冷熱的感受外，與觸覺、痛覺、聽覺、酸的變化都有關，甚至還能引導神經的生長，功能難以估算。

他表示，皮膚細胞、口腔表面的末梢感覺細胞都有TRP，可以讓人偵測環境中的危險，適時應變，感覺熱、燙、痛，就趕快尋找涼快的處所；感到冷、凍、痛，趕快取暖加衣服。

不只如此，人體全身器官都有TRP的表現，連動物，甚至是只有幾個細胞組成的生物，都有TRP。

學者這麼說
離子通道 細胞膜上的密道

細胞膜上有一些蛋白質，負責細胞內外物質的通透，就像細胞膜上的密道，但為維持細胞內外壓力的平衡，除了有讓水通過細胞膜外的水通道，還有可以讓細胞間傳遞訊號的離子通過的離子通道。

離子通道可以調節細胞內外的滲透壓，也是維持細胞膜電位的重

要分子。離子進出會造成膜電位的變化，產生動作電位，神經細胞就是靠此進行訊號傳導，正常的生理情況下，細胞內外主要的離子包括帶正電的鈉、鉀、鈣離子和帶負電的氯離子，其中和動作電位較有關係的是鈉離子和鉀離子。

鉀離子通道

2003年諾貝爾化學獎得主彼得‧阿格雷（Peter Agre）和羅德立克‧麥金農 （Roderick MacKin-non），都因研究細胞膜的通道獲獎，阿格雷的貢獻是「發現水通道」，麥金農的主題則為「在離子通道結構與機制上的研究」。

離子通道具有特殊選擇性，例如鉀離子通道中，有一種像「濾嘴」的裝置，可以讓鉀離子通過，卻不允許更小的鈉離子通過。科學家對此百思不得其解，麥金農做出鏈黴菌離子通道蛋白質KcsA的高解析三維結構影像，並從原子層次了解離子通道的作用方式。

鉀離子通道的結構與作用機制的研究，是生物化學、生物物理等領域的一大突破，也為神經疾病、肌肉與心臟疾病的新藥開發指引了新方向。

鈣離子通道

另外一個常聽到的離子通道是鈣離子通道，細胞內鈣離子的濃度變化調節著許許多多生理功能，如：肌肉收縮、細胞凋亡等。

調控鈣離子進入細胞方式是1986年美國國家衛生研究院科

學家Putney J.提出的填充式鈣離子湧入理論（capacitative calcium influx），也就是現在常稱的鈣池調控鈣離子通道理論（store-operated channels）。

　　Putney J.認為，當細胞內質網中的鈣離子下降，鈣離子通道就會開啟，雖然醫學界已得知鈣池調控鈣離子通道與調節免疫與發炎反應有關，但其中複雜的分子調控機制，目前還難以破解。

小檔案
動作電位

　　動作電位是從離子的電荷而來，離子是原子失去電子或多得到電子而成。

　　當離子通道開關被啟動後，離子會從高濃度流向低濃度；當鈉離子大量進入細胞內時，細胞內的電位會從-75mV提高到+50mV，稱為去極化。接著鉀離子又大量離開細胞，細胞電位就又回到-75mV，稱為再極化，去極化和再極化，造成一次動作電位。

　　動作電位會沿著神經細胞的軸突，傳到末端的突觸，傳給下一個神經細胞。傳給下一個神經細胞的方式也不同，有的是直接傳動作電位；有的則是釋放化學物質，讓下一個神經細胞打開離子通道，這個神經細胞就會再產生一個動作電位，神經細胞和細胞間就展開了訊息的傳遞和溝通。

女比男耐冷

無論是民國98年2月讓人冷得發抖的寒流，還是春天乍暖還寒的微涼，有人永遠都是一件T恤、頂多再加件薄外套，為什麼他們比較不怕冷？

長庚醫院腦神經內科主治醫師羅榮昇說，怕不怕冷個別差異很大，他曾做過一個有趣的試驗，發現男性把手放在冰水裡只能撐9秒；女性卻可以持續11秒。

受試者都會覺得冷，只是對冷的耐受度不同，並非溫感受器比較不敏感，他推測，可能是皮下脂肪使女性比較耐冷，但這並非嚴謹的實驗，只能看出對極端溫度的耐受度，有個別差異。

他指出，溫感受器TRP的反應範圍相當線性，當溫度超過攝氏50度時，反應就會遞減，變成一種麻木的狀態，反而沒有什麼感覺了。

連正章也認為，到現在還沒有足夠的證據可以證明比較不怕熱或不怕冷的人，是TRP的表現異常。

羅榮昇指出，TRP與疼痛、發炎有關，一大堆的疼痛、發炎都是因為刺激TRP，讓氫離子進入細胞有關。

翻翻考古題

九十六年指考 ／生物

22.下列有關離子在生物體之功能或作用的敘述，哪些正確？

(A) 保衛細胞內濃度增加，能夠使植物氣孔關閉

(B) 血漿中濃度上升，能夠降低血液的酸鹼度

(C) 神經細胞內濃度減少，能夠促進神經元的去極化

(D) 血液中濃度上升，能夠促使呼吸運動的頻率與深度增加

(E) 神經軸突末梢內 濃度升高，能夠促使神經傳遞物質的釋放

2.下列何者最容易進出細胞膜？

(A) N2

(B) Na+

(C) 核酸

(D) 蛋白質

6.動作電位中的去極化現象，主要起因於神經細胞膜上哪一種通道閘門或幫浦的作用？

(A) 大量的鈉離子通道打開

(B) 鈉–鉀幫浦的作用增強

(C) 大量的鉀離子通道打開

(D) 大量的鈉離子通道和鉀離子通道關閉

必學單字大閱兵

Kyoto Protocol 京都議定書
greenhouse gas 溫室氣體
climate change 氣候變遷
crop 農作物

irrigation 灌溉
carbon dioxide 二氧化碳
global warming 全球暖化
glacial epoch 冰河期

17

chapter 18

植物保種 嚴密不輸骨董

植物保種

◎程嘉文

　2008年2月26日挪威政府為設在北極圈內的冷岸群島
（Svalbard）「末日種子庫」舉行啓用典禮。種子庫建在警衛森嚴的

德國萊比錫研究中心的人員正在檢查一排排的種子，這些種子都將放到挪威北方極地下種子庫。

地下隧道內，位於永久凍土帶之下，長45公尺，寬與高各4公尺，室外用1公尺厚的隔溫混凝土板保溫，溫控系統使內部常年維持攝氏零下18度，足以承受芮氏規模6.2的地震與核子武器攻擊，預計可以儲放450萬份種子樣本。

冰凍伊甸園　最壞的準備

這座耗資600多萬歐元的「末日種子庫」等於是糧食界的「諾亞方舟」，一旦人類遭逢天災人禍，或是農作物絕跡，就可以從這邊取出冷凍的種子重新復育。歐盟執委會主席巴赫索在致詞時指出，「這是一座冰凍的伊甸園，我們希望不會用到這些種子，但必須為最壞的情況做準備。」

冷岸群島人口一共只有兩千多人，而且氣候嚴寒，非常適合擔任這個「戰備儲藏室」的任務（雖然有點諷刺的是，當地能生長的植物極為稀少）。

體積小保存久　儲存首選

之所以用植物種子為儲存對象，當然是因為種子是植物最適合儲存的樣態。一方面種子的體積小、不占空間，不像活體植物往往需要廣闊的空間，而且意外環境引起種原損失的機會也較大；二方面種子不萌芽的話，可以保存相當久的一段時間。如果溫度降低，並保持低濕度，保存的年限更可以大大延長。

農委會農試所種原組組長黃勝忠說，一般而言，溫度每降低攝氏1度，種子的生命可延長6年；種子乾燥後失去水分，酵素會停止作用

無法催芽，使得種子繼續維持生命，等到從冷凍庫中取出，提供足夠的溫度與濕度，種子就會「甦醒」。

低溫儲存庫　自然界常發生

事實上自然界也經常意外出現這種「低溫儲存庫」：科學家的確曾經在寒冷地區發掘過埋藏地下多年的種子，種植之後還可以萌芽。

清大生命科學系教授李家維指出，可以確定的紀錄是在東北大連以北的普蘭店市西泡子村，科學家曾經從古代沼澤的泥炭層當中挖到一些蓮子，根據碳14定年，發現這些蓮子已有一千兩百多年歷史，但在培養之後，居然還能順利萌芽！

另外1960年代加拿大方面還傳出過在旅鼠挖掘的洞穴中找到上萬年的北極羽扇豆，並且成功發芽的例子。

放得太久　恐只長葉不開花

不過李家維也說，從地下挖出的「百年骨董」種子，雖還有相當比例能夠發芽，但是有些植株卻呈現突變，例如只長葉子不開花等。對此，學界認為是這些種子埋藏在地下多年受到自然界的輻射線影響，因而產生了突變。

至於現今學界保存種子是以「份」（accession，有時也用「批」）為基本單位，每「份」的數量是能代表某品種、某育種系，或是某野外採集到的種子樣品，而這樣品的大小必須足夠反映所代表族群本身的遺傳變異，並且足夠提供作為發芽率測定及分送其他單位的使用。

依照國際植物遺傳資源委員會的建議，對遺傳組成為均質的物種而言為4000粒，而遺傳組成為異質的物種則為1000粒。不過有時如果數量稀少的植物，有迫切的保種必要，也未必非要這個數量才能算成一批。

蓮花種子 曾撐千年

 # 儲存方法 須依種性而定

　　雖然蓮花種子曾有「撐」了一千年的紀錄，不過並非所有的種子都這麼「耐命」：交大教授李家維指出，一般的糧食作物每年不管一穫或兩穫，種子成熟收取之後，到下次播種之間都還有一段相當時間，這類種子通常耐儲放的能力較佳，「本質上就是比較容易保存的植物」。

　　他也提到，生長在季節氣候變化明顯地區的植物，種子往往要越冬之後才會萌發，這些種子通常也耐得起久儲。但是對於熱帶雨林植物來說，生長的環境終年高溫多濕、溫度幾乎沒有變化，因此其種子往往不會休眠、沒有耐久性、也無法對抗氣候的變化。例如某些熱帶棕櫚樹的種子，在成熟之後如果放置一星期才拿去育種，萌芽成功率就會大大降低。對於這些植物的儲存，「冷藏種子」就不是太有效的方法。

　　另外有些植物採取孢子繁殖，有些植物無法產生有繁殖力的種子，這些都使得植物學家在希望「保種」的時候，遭逢很大的困難。

　　李家維表示，目前對於種子儲存之外的植物保種，可以靠儲存某

些組織，例如芽點，將它們放置在培養基當中，保持在低溫下。這樣只要一個試管就可以儲藏，雖然比不上種子方便，但是至少提供一個折衷的方法。

不過各種植物需要的培養基與溫度狀況不盡相同，都還需要學界繼續研究。另外有些腐生性植物的保種，例如蘭科的天麻，是在地底下靠吸食土壤中的真菌維生，到今天學界都幾乎還是束手無策。

戰備與經濟兼顧

 # 台灣種子庫 為農林業出口而設

農委會林業試驗所生物組組長邱文良說，國內目前有四座向「世界植物園保育聯盟」（BGCI）註冊的植物園。分別是林試所轄下的北市植物園、福山植物園、恆春植物園，以及國立科博館的附設植物園。

福山植物園面積超過1000公頃，園區定位是台灣本地植物的蒐集與保存。至於台北植物園大約收有2000種植物與28萬份標本，不過因占地狹小，主要任務包括教育與遊覽等，因此極少對外蒐集植物。

四座官方植物園主要目的是自然保育與教育，至於儲存「戰備」的糧食與經濟作物種原儲存，則屬於另一個系統。

光復後初期，農業與林業是我國重要的出口命脈，為了保持品種供應不絕，在美援協助下，各大學農學院與台灣省林務局都設立了種原庫。以林務局而言，林業試驗所的林木種子冷藏庫成立於民國45年，在民國50年到70年間發揮調節造林種子供需量功能。目前總計累

末日地窖

安全戒備森嚴的種子銀行,目標是地球發生大災難時,保存物種多樣性。

120公尺的隧道

史瓦巴德
全球種子地窖

多層氣密門
(恆溫為攝氏零下18度)
絕緣牆板協助維持低溫

入門橋

| 經費 | 900萬美元 |
| 保存 | 20億個種子 |

▶ 嵌入砂岩山的永凍層內

▶ 1公尺厚的強化水泥牆

▶ 萬一斷電時保持冰凍的設計,可達200年

▶ 高於海平面130公尺以上,格陵蘭或北極冰山溶解,也沒有淹水之虞

▶ 計畫參與者
　●挪威政府
　●全球作物多樣性信託基金

加拿大　俄羅斯
北冰洋
北極 ✛
格陵蘭
史瓦巴德島
斯匹茲卑爾根群島
挪威
歐洲

資料來源:法新社/全球作物多樣性信託基金

18

積藏有226個樹種,約1090個種子組。

　　至於糧食作物保種方面,最大的里程碑是民國82年成立、設在霧峰農試所的「國家種原庫」。黃勝忠組長指出,目前種原庫的主要業務分四大部分:蒐集、保存、提供、種原保存鑑定技術研究,現約有6.6萬份種子儲存。

黃勝忠表示，國家種原庫依據種原型態分為「種子型」與「非種子型」（營養系）兩大類。在種子型保存方面，依種子在低溫低濕中貯藏之忍受性，分為耐貯型種子及不耐貯型種子。前者包括一般穀類、蔬菜等小粒種子，可在低溫、低濕的環境長期貯藏，依保存目的不同，分別貯藏於長期庫、中期庫及短期庫。

長期儲存庫的溫度為攝氏零下12到14度，目的是供貯藏基礎材料，儲存壽命在30到50年以上，種子不向外界其他單位輸出，目的是使入庫之種原能永續保存。

中期儲存庫的溫度為攝氏1度，專供貯藏常用材料，供分送交換、繁殖和評估，並作為基礎材料補充用。短期儲存庫溫度為攝氏10度，專供貯藏必須經常取用之工作材料，並且開放供國內各有關單位申請貯藏其研究用材料。

不耐儲型種子包括大多數熱帶果樹，如可可、龍眼、荔枝等，它們在零度以下儲藏常會造成傷害，因此僅能視其特性進行攝氏零到15度的冷藏保存。至於種子的壽命也依作物種類而異，大約只有1至5年。

種原庫也在全台各處設立了七個「保存園」，讓要保存的植物以活體方式生長繁殖，道理類似官方植物園或辜嚴倬雲熱帶植物保種園，不過不對外開放。

因極低溫會讓細胞活動完全「暫停」，因此種源庫也在開發利用攝氏零下196度的液態氮來保存植物的體胚、組織及花粉等。不過到目前為止，因為不同物種間處理方式及存活率不同，相關技術仍在研發中。

屏東保種中心 藏活寶

　　由於熱帶植物的保存非常不容易，而全球的雨林又因大規模砍伐而消失，因此植物學界認為保存熱帶植物物種，目前最有效（也是最昂貴）的方法仍然是興建植物園，模擬熱帶雨林的環境，讓這些植物的樣本以活體方式保存。

　　一直希望在台灣也設立一座熱帶植物保種園的李家維，在一年半前跟老友台泥董事長辜成允談起這個理想，獲得辜成允的認同，決定由台泥集團出資，在屏東高樹鄉的辜家祖產泰和農場，興建亞洲規模第一的「辜嚴倬雲熱帶植物保種中心」。台泥在前五年要投入一億元，在十年內達到15000種植物。李家維表示，2008年初正式開園一個多月來，植物種類已達到4700種，估計2008年底可以達到6500種。

18

必學單字大閱兵

seed 種子	ark 方舟
spore 孢子	cereals 穀物
botany 植物學	lotus 蓮花

chapter 19

太空爭霸戰　先練打衛星

太空一擊

◎李志德

2008年2月21日上午10時26分，在夏威夷北方海面待命的美國海軍巡洋艦「伊利湖號」（Lake Erie）發射了一枚標準三型飛彈，飛

中美兩強，分別藉著擊落衛星展現「太空戰」的實力。

彈從數公尺高火焰中直衝上天，幾分鐘後，艦上傳來廣播：「命中目標」。伊利湖號成為第一艘以飛彈擊落衛星的戰艦，為太空戰的歷史寫下新的一頁。

看在國際政治觀察家的眼中，美國這次擊落報廢間諜衛星「US193」的行動，無疑是針對去年1月11日，中國軍方從西昌衛星中心，發射一枚「開拓者」彈道飛彈，擊中在地表上空850公里的「風雲一號」氣象衛星。中美兩強，分別藉著擊落衛星展現「太空戰」的實力。

中國打衛星　命中不難

如何利用飛彈擊落衛星？一位曾參與台灣飛彈防禦實務工作的學者受訪時表示，美、中兩國的方法略有不同。

首先是「目標獲得」，也就是如何知道要射擊的目標衛星的位置和動態？他指出，中國射下的衛星是接近報廢，但仍有工作能力的衛星，由於它仍在軌道上穩定運動，因此解算彈道並不困難，只要算準時間打出飛彈，就可命中目標。

中、美衛星攻擊行動比一比		
中國		美國
2007.1.11	時　間	2008.2.21
風雲一號氣象衛星總重880公斤	目標衛星	間諜衛星US193總重2270公斤
距地表850公里位於軌道上	擊中位置	距地表240公里位於墜落路徑上
開拓者彈道飛彈	攻擊武器	標準三型反彈道飛彈
地面發射	發射備台	伊利湖號戰艦
後遺症		
衛星破片散布在193至1930公里的軌道間，形成大片太空垃圾。大片殘骸被推上高空成為太空垃圾，細小碎片在掉落過程中被燒毀。		

運動不穩　美軍難度高

　　相對的，美軍「射星」的行動難度就比中國要高，因為目標衛星是向下墜落中，過程仍會受到大氣流動、浮力的影響，因此雖然大略可以算出軌道，但運動方式並不穩定。這位學者說，美國是用另一顆高軌道的衛星監控「US193」，將訊息即時傳回位於美國本土的北美防空司令部，再比對海軍長程雷達傳回的資訊，確定後把「US193」的位置和狀態傳給待命射擊的伊利湖號。

　　至於擊落衛星使用的飛彈，學者分析，中共的「開拓者」系列飛彈，是由航太載具改造，基本上屬於太空裝備；但美國使用的，是反

19

【閱讀小祕書】

護衛星 反擊、變軌、隱身塗料

　　美、中兩國在一年之內相繼向世人展現了以飛彈擊毀衛星的戰力，再一次帶動「反衛星」戰的話題。但事實上，美國早在1985年就曾經實驗以飛彈打下衛星的技術，而未來，包括雷射、粒子束等高科技的武器，也可能在不久的將來投入「反衛星戰」的行列。

　　冷戰時代，當美、蘇兩國分別成功發射人造衛星後，雙方就開始研究如何摧毀對方的衛星。1980年，「同軌擊殺」技術成熟，其原理是把高爆散榴彈放入目標衛星的軌道上，等目標衛星運轉時自動碰上而毀滅，但這種方法時效性較差，美國軍方於是改採飛彈擊殺。

　　1985年，美國軍方以一架F-15戰機，攜帶一枚ASM-135型飛彈，從10公里高空發射，擊中一枚遠在552公里高的衛星，第一次成功以飛彈擊毀衛星。12年之後的今天，美軍再測試從海上發射飛彈攻擊衛星，意味

彈道飛彈的標準三型飛彈，兩相比較，中共這次行動的成本較高。

通聯訊號　勝戰關鍵

　　這位學者說，不論是通訊、導航、數據傳輸或偵察，先進國家軍隊對衛星的依賴與日俱增，也就增加衛星遭到攻擊的風險。攻擊衛星的方法有兩種：「軟殺」是干擾或遮蔽衛星與地面的通聯訊號；「硬殺」則是利用飛彈、雷射直接破壞衛星。學者指出，未來先進國家間一旦開戰，偵察和導航衛星勢必成為敵軍最優先獵殺的目標，「偵察

著這一技術已經完全成熟。

　　但使用飛彈的問題在於穩定性不夠，也不能短時間大量發射。因此反衛星戰未來可能採用雷射、粒子束等武器，而這其中又以雷射武器比較成熟。目前美軍已經可以將雷射從飛機或地面發射，直接攻擊目標，或者由另一枚衛星反射雷射光攻擊。

　　採用雷射武器好處之一是準備時間短，可以快速投入戰場，一擊不中可以立刻再發射，變換方向也很迅速，在反衛星和反飛彈上都有很大的效益。

　　此外，雷射的花費遠低於飛彈，以氟化氖雷射為例，發射一次的費用約兩到三千美元，但一枚戰斧飛彈的造價，就要一百萬美元。

　　而相對的，新型衛星也因應反衛星武器的發展趨勢，未來將以小型化或者利用多個小衛星組成「衛星星座」等方式迴避攻擊。至於勤於變軌、加塗隱身塗料等方式，減少被敵方掌握的機會，也是可行的保全自身之道。

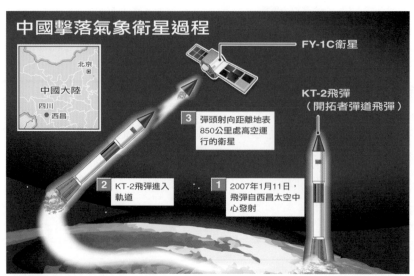

中國擊落氣象衛星過程

FY-1C衛星

北京

中國大陸

四川
●西昌

KT-2飛彈
（開拓者彈道飛彈）

3 彈頭射向距離地表850公里處高空運行的衛星

2 KT-2飛彈進入軌道

1 2007年1月11日，飛彈自西昌太空中心發射

（改繪自每日電訊報網站）

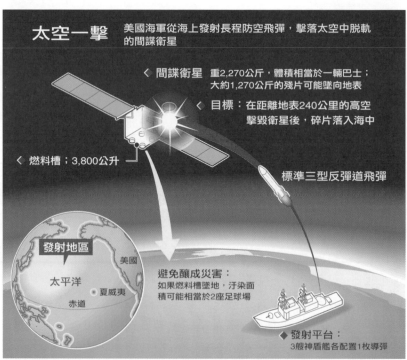

太空一擊　美國海軍從海上發射長程防空飛彈，擊落太空中脫軌的間諜衛星

〈 間諜衛星　重2,270公斤，體積相當於一輛巴士；大約1,270公斤的殘片可能墜向地表

〈 目標：在距離地表240公里的高空擊毀衛星後，碎片落入海中

〈 燃料槽；3,800公升

標準三型反彈道飛彈

發射地區

美國

太平洋

●夏威夷

赤道

避免釀成災害：
如果燃料槽墜地，汙染面積可能相當於2座足球場

◆ 發射平台：
3艘神盾艦各配置1枚導彈

（改繪自路透圖片）

19

是軍隊的眼睛，導航是軍隊的腦神經，一個人若眼睛瞎了、腦神經被打壞了，還有辦法跟人家打架嗎？」

上述學者認為，從這場中、美在太空中的較勁，可以看出未來兩國交鋒，第一波攻擊的目標，將由機場、港口、發電廠這類的重工業設施，轉向大氣層外，在軌道上運行的衛星。

太空，將成為未來戰爭的新珍珠港！

太空垃圾 都是強國產物

相隔一年時間，美國和中國大陸各自用飛彈擊毀了一枚衛星，但也在太空中留下大量的「太空垃圾」，為太空這個「公共空間」，留下難解的後遺症。

所謂「太空垃圾」，就是飄浮在宇宙中的雜物，它們絕大多數是各國太空船、太空站或衛星的殘骸。一般而言，當衛星的工作結束，正式報廢時，由於地心引力作用，會慢慢掉落地面，在墜落的過程中，大部分都會因為空氣摩擦而燒毀，僅有一小部分會墜落地面，以「US193」為例，如果放任不管，落下殘骸將綿延散布達到數百公里。

但體積較大的衛星，在瀕臨報廢時，因為擔心墜落地面造成危害，地面控制站會導引衛星，利用剩餘推力將自己向外推到較高軌道上，好延遲掉回地面的時間，因此成為飄浮在太空中的太空垃圾。這些太空垃圾雖然質量不大，但由於速度極快，因此一旦撞上工作中的

衛星，仍會造成嚴重破壞。

　　太空垃圾嚴重影響飛行器和衛星的安全，是個令人頭痛的問題，但也有輕鬆的一面，例如美國執行雙子星計畫的太空人艾德懷特（Ed White）的備用手套就被棄置在太空中，成為另類太空垃圾。1960年代，西澳大利亞莫卡努卡當地人發現了一個從天而降的鈦製球體，一度懷疑和外星人有關，但事後證實它只是「雙子星六號」太空船太空人喝水的水桶。

Q：第一顆人造衛星由誰製造？何時升空？

A：人類太空發展史上第一枚人造衛星是由前蘇聯製造、發射，它被命名為「史普尼克一號」（Sputnik 1），1957年10月4日成功從位於哈薩克的基地發射升空。蘇聯成功發射衛星後，舉世震驚，美國在隔年10月緊跟著成立「國家航空暨太空總署」，英文縮寫為NASA。

Q：火箭是誰發明的？

A：最早設想、論證火箭這種飛行器的，是美國物理學家高達（Robert Goddard），他在1926年3月16日，成功地發射世界上第一枚液態燃料火箭。

但是真正建造出實用火箭的，則是德國科學家維納馮布朗所領導的團隊，二次世界大戰時，他為納粹德國建造了V-2火箭，成為日後所有火箭的藍本。

必學單字大閱兵

artificial satellite 人造衛星

Global Positioning System（GPS）全球定位系統

orbit 軌道

chapter 20

奧運對決 計時感應金金計較

計時技術

◎李志德

　　在奧運賽場，不論是游泳、跨欄，或者是自行車、划船，許多項目都離不開計時，特別是游泳和短跑，經常在百分之一、兩秒內決定

國內的鐵人三項比賽，選手腳上戴著晶片型計時器。圖／聯合報資料照片／田財德攝影

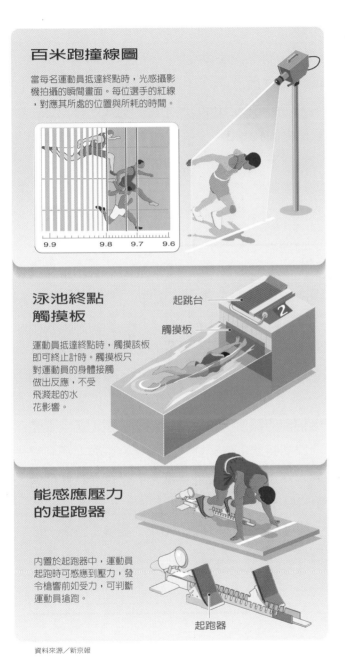

百米跑撞線圖

當每名運動員抵達終點時，光感攝影機拍攝的瞬間畫面。每位選手的紅線，對應其所處的位置與所耗的時間。

9.9　　9.8　9.7　9.6

泳池終點觸摸板

起跳台

觸摸板

運動員抵達終點時，觸摸該板即可終止計時。觸摸板只對運動員的身體接觸做出反應，不受飛濺起的水花影響。

能感應壓力的起跑器

內置於起跑器中，運動員起跑時可感應到壓力，發令槍響前如受力，可判斷運動員搶跑。

起跑器

資料來源／新京報

勝負，或者打破世界紀錄，看得觀眾大呼過癮。

但是回顧早年的奧運，必須仰賴人力計時，甚至裁判的「感覺」來判定選手的輸贏，精確計時不是一蹴可幾，而是隨著技術的成熟，逐步演變成現今的面貌。

20

人工計時表　精確度低

在1928年阿姆斯特丹奧運會上，負責徑賽計時的大會工作人員要自備計時表，人工計時的精確度只有五分之一秒，例如成績12秒和12秒2的選手，就難以區分勝

負，這時候就要由裁判來裁定。

　　到了1932年洛杉磯奧運，雖然奧會首度把計時工作交給瑞士歐米茄（Omega）公司，但裁判的主觀意見仍有相當的影響力。

　　例如美國選手托蘭和梅特卡夫在100公尺短跑的對決，每位選手有3名計時員，結果托蘭是兩個10秒3，一個10秒4，梅特卡夫3個都是10秒3，但裁判最後仍然把冠軍給了托蘭，據當時文獻記載，裁判這樣做是認為托蘭比較受觀眾喜愛。

攝影列印機　照片定奪

　　一直要等到1948年倫敦奧運，大會正式使用「衝線攝影機」（Photosprint）後，計時器的權威才逐漸確立。攝影列印機是利用光電感應原理運作，也就是將一道光束打到終點線上，再反射回接收機，選手通過終點，光線一被遮斷，相機就啟動拍攝，藉著照片辨別冠軍誰屬。

　　仔細觀察攝影列印機拍出的照片，是以時間為橫座標，選手影像分布的位置，就是他們衝線的時間，依徑賽規定，軀幹或頭部觸到終點線就算抵達，因此計時人員會拉出垂直的細線，對應選手身體在橫座標的位置，這就是選手的最後成績。

　　先進的攝影列印機，拍攝的速度是每秒1000次，能以千分之一秒的精密度，分辨出比賽名次。

泳池感應墊　僅限手腳

　　在游泳賽場的終點計時裝置稱作「感應墊」，它在1967年開發

成功，之後成為國際賽會的標準設備。接觸板被安置在泳道端點的水位線以下，它由縱向切割的薄片組成，可以將水波分流，並確保在正常運作情況下，它只對游泳選手的手腳接觸有反應，不受水花震盪影響。

　　游泳場計時設備的計算淨值為百分之一秒，大會並以每秒一百格的攝錄機拍攝，每場比賽的結果，都會逐一或以慢動作方式檢查、分析，換言之，如果選手差距在百分之一秒以上，理論上都能夠透過逐格分析確定結果。

徑賽計時

 # 起跑器、揚聲器、攝影機 必備

　　短跑好手的對決，是每屆奧運少不了的經典戲碼，但這樣精采的比賽，建構在兩個基礎上：一、絕對精確的計時；二、保證選手能公平地同時出發，不能有人偷跑。因此，徑賽計時設備，是由起跑感應裝置、發令揚聲器和終點攝影機三部分組成。

　　在奧運以人工計時的時代，減低誤差的方法，是用多人計時取平均值。直到1968年墨西哥城奧運，「攝影列印機」完全取代人力後，才解決了終點計時精確度不足的問題，在跑道終點，有一排計時員坐在窄窄高高的階梯上，手拿馬表的畫面，從此走進歷史。

　　但這仍然沒有解決選手偷跑造成的不公平，1984年洛杉磯奧運，開始使用「違規起跑探測器」，它是利用選手起跑時，腳掌對起跑架上施加的壓力來運作。每座起跑架上都有揚聲器，確保選手能同時聽

資料來源／歐米茄　　　製表／李志德

到出發訊號。

分析短跑選手起跑，它經歷四段過程：一、選手就位，兩手撐地時，起跑架開始受到壓力。二、起跑時選手用力蹬，起跑架上的感應板一旦受力達到29公斤（女選手27公斤），就開始啟動計時。三、選手腳掌離開起跑架，壓力歸零。

階段二到三稱為「反應時間」，依國際田徑總會的規定，選手可以有0.1秒的反應時間，意即如果階段二到三的時間在0.1秒以上，就是合法起跑，反之就是違規偷跑。

因此，一個短跑選手的成績，事實上是由「反應時間」和「實際在賽道上跑步的時間」組成，例如奪下北京奧運男子200公尺金牌的牙買加名將柏特，成績是19.30秒，但是決賽中「反應時間」最快的，不是柏特的0.182秒，而是第三名迪克斯的0.151秒。換句話說，迪克斯事實上比柏特「合法提早」0.031秒出發，但仍舊被柏特遠遠拋在身後，短跑名將的實力，由此可見一斑。

跆拳計分

4裁判3按鈕 得分

台灣跆拳女將蘇麗文在奧運浴血奮戰的精神，讓不少人邊看轉播

邊流淚。在奧運中，例如跆拳道、拳擊這類技擊項目的計分，同樣需要通過高科技或精心設計的裝置來判定。

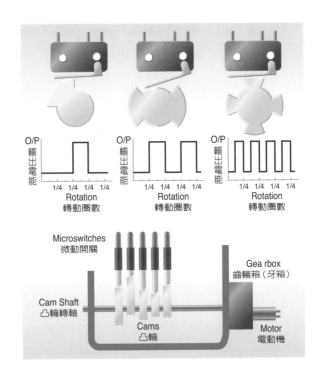

技擊運動，就是要透過打中對手的「有效部位」來得分取勝，但兩人交互出拳、踢腿的瞬間，究竟有沒有打中，往往不容易看清楚，這給了有心人上下其手的空間。1904年進入奧運的拳擊比賽，早年是一個惡名昭彰的項目，例如1948年倫敦奧運，85名裁判就有66名因為疑似判決不公，被暫停職務。

為了解決這樣有意無意間「沒看到得分」的問題，2004年雅典奧運拳擊賽開始採用「電腦化計分系統」，5位裁判各自手握一個計分器，選手擊中時，5人中至少要有3人按鈕，且間隔時間不能超過1秒，這才是一次有效得分。在跆拳比賽，則是4名裁判要有3人按鈕才算得分，時限也是1秒內。

但即使如此，有心作弊的裁判，還是可以透過「明明得分卻不按鈕」來抵制對方選手，因此世界跆拳總會在2007年世界盃，首次採用

「電子護具」，選手的護具內層，布滿大量的感應器，當打擊的壓力到達一定程度，護具就送出訊號，自動判定得分。

但可惜的是，國際跆拳總會和北京奧組委，今年4月還是認為2007年世界盃的測試結果，電子護具有「20％至30％失誤率」，決定在今年奧運不用電子護具。

Q：在電子計時技術成熟之前，短跑用什麼方式發令計時？

A：很長一段時間，短跑是用發令槍作為信號，選手聽到槍聲就起跑，在遠方的計時員則是一看到發令槍白煙出現，就按下馬表，選手抵終點時按停。

Q：在現代五項、馬拉松或帆船賽這種室外長距離比賽，如何確保選手依規劃路線比賽？

A：利用「全球定位系統」（GPS）技術，每名（組）選手攜帶一個重僅數公克的小型發報器，隨時發送訊號，讓大會裁判可以在控制台上精確掌握每位選手的位置。

Q：田徑史上有沒有算到千分之一秒決勝的紀錄？

A：有，1960年月5月，美國女子短跑好手德弗斯與牙買加選手奧蒂爭奪女子100公尺金牌，最後在每秒一千線高速攝影機的協助下，判定德弗斯以千分之五秒勝出，兩人的差距只有2.5公分。

必學單字大閱兵

photofinish camera 衝線攝影機

athletics 競技運動

modern pentathlon 現代五項

20

chapter 21

機器人演化 試解造物章法

機器人解析

◎林嘉琪

　　美國卡內基美倫大學、加拿大麥吉爾大學、加州大學柏克萊分校與美國密西根大學四校組成仿生機器人研究團隊，研究蟑螂行為20年，向蟑螂取經，日前設計出一款蟑螂外形的六足機器人「RHex」，可上下爬行、滑行樓梯、跳躍、前後與左右移動。但和真正的蟑螂比起來，還是很笨拙。

　　台大機械工程系助理教授林沛群表示，這個四校團隊在實驗箱觀察蟑螂如何在顛簸路面行動，發現牠不同於雙足與四足動物，毋須以

台灣的仿生機器人

	研發單位	運用技術		研發單位	運用技術		研發單位
	▶台灣大學	主要是藉由肌電訊號辨識肌肉產生的訊號		▶台灣科技大學	由數位訊號處理器，控制出各種動作		▶中央大學
	特色			特色			特色
	可以直接安裝作為人工義肢			具視覺、聽覺和語音合成等人工智慧			利用情緒量值演算，可表現多種情緒
多自由度機器手			雙足人型機器人			情感機器人	

腳掌著地，牠那超過50個關節的足肢，可以克服各種障礙敏捷爬行。

　　團隊觀察的對象不只是蟑螂，研究人員也發現，壁虎爬行打滑時，會迅速用腳勾住任一物件，以保持平衡，這個概念也運用在機器人研發，不但加入多種感測元件，也加入各種危險模式處理。

技術 要向上帝學習

　　學界研究機器人已許多年，但機器人至今仍無法隨心所欲行動，「所以要向上帝學習」，台大土木工程學系暨研究所助理教授康仕仲認為，只要能揭露一些自然的奧祕，人類就能藉由仿生技術，克服機器人發展的限制，於是「仿生機器人」在這樣的脈絡下發展出來。

　　中央大學GRC機器人團隊、現任親民技術學院電機工程系講師葉律佐解釋，仿生其實就是仿照生物的種類、構造與原理，創造出有如生物，而且更具效率的機構。

　　可愛的電子寵物狗AIBO；音樂機器寵物i-Dog；掀起玩具恐龍熱潮的Pleo；日本ASIMO雙足機器人，具有32個伺服馬達，能夠慢跑、平穩的行走和爬樓梯，還會辨識人臉；美國機器人設計家David Hanson研發Zeno孩子機器人，會從他可愛表情中傳達情緒，時而顯出楚楚可憐的神情，博得大家憐愛。

恐龍電子寵物

研發單位	運用技術
▶ 優酷比公司	內建八個處理晶片，互動程式可升級
特色	
有400種動作，會表達開心、生氣等	

仿生動物

研發單位	運用技術
▶ 飛統自動化公司	以機器設計為主，輔以光電技術
特色	
機構傳動看得見，可以拆組	

美國麻省理工的**KISMET**機器人運用了電腦科學，創造出具有社交能力的機器人；英國科學家則藉由老鼠的大腦取出細胞，培養出十萬個會學習的神經元，並與機器人結合，創造出類似電影《瓦力》中的戈登機器人，以上這些都是名副其實的仿生機器人。

突破限制　能爬能鑽

台灣科技大學智慧型機器人研究中心主任林其禹表示，歷經過戰

【閱讀小祕書】

鼠腦「戈登」 盼解失智之謎

英國瑞汀大學（University of Reading）於8月13日，發表全球第一個有腦的機器人「戈登」（Gordon），和其他機器人最不同的是，他的腦部擁有5到10萬個神經元，成為全球第一個利用活體腦組織控制的機器人。

瑞汀大學在新聞稿中指出，該校研究團隊系統工程模控學主導者Kevin Warwick，與瑞汀大學藥劑學教授Ben Whalley攜手為戈登創造大腦。這顆「生物頭腦」的神經元，是從老鼠胚胎的神經皮質取出，胚胎裡包含了載有60個多電極陣列（MEA），可以讀取細胞產生的訊號，科學家再透過藍牙無線傳輸，即可透過MEA操控機器人動作。

瑞汀大學在這篇名為〈科學家帶你一窺具有神經元的『生物頭腦』，如何在機器人中運作〉的報告中表示，戈登的現身，將有助於科學家進一步釐清人工智慧與自然智慧的模糊與灰色的界線。

Kevin Warwick在文中表示，「如果我們能了解小小的模型腦如何運

爭空襲和地震摧殘的日本，研發出多款蛇形與蠕蟲形狀的機器人，目的在克服人形與輪形機器人無法在廢墟與地勢顛簸的空間中作用的限制。

日本的機器研發團隊發現，只有設計出能夠爬行與鑽探的機器人，才能在災後倒塌的建築物或礦坑災變時，肩負起偵探生命跡象與救援的角色。

美國從2002年後，開始注重仿昆蟲外形與功能的機器人研發，主因是美軍希望從伊朗區域的山洞中找出恐怖分子，考量地形、環境限

作，可能獲得很大的醫療效益」，有腦的戈登還肩負起人類試圖探索阿茲海默症和巴金森氏症等疾病的祕密，還能讓人們知道腦部是如何學習與記憶。

到底要如何創造戈登的大腦呢？研究人員是先從老鼠胚胎中取出神經細胞，浸在酵素加以分離，然後放置於培養基，每隔幾天就用含有蛋白質的營養液餵這些組織，讓神經成長，經過24小時後，這些神經之間就會開始相互連接，一週就能產生類似腦部神經的活動。再把神經組織置於由60個電極組成的MEA上，讓MEA成為機器與活組織的聯繫介面。

簡單來說，機器人腦部輸出的電力會透過MEA接收，並轉換成超音速聲納傳達，聲納訊號會轉換成行動指定，讓機器人的輪子前進、左轉或右轉，動作都是取決於信號內容，戈登還可以在其他物體靠近時傳回信號，讓機器人做出閃避反應。

Kevin Warwick說，戈登展示「簡化版的人腦運作過程」，提供給科學觀察與控制腦神經活動，這是目前無法在人腦研究上達到的實驗進程。目前研究仍在進行中，預計2009年結束。

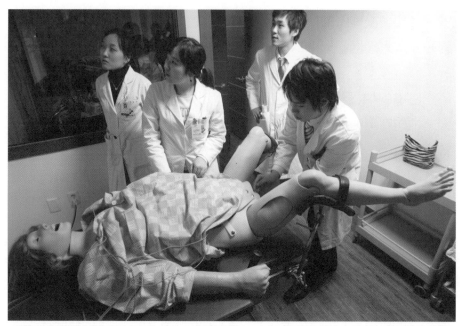

由於出生率不斷下降，韓國的醫學院引進特殊機器人，好讓學生能有更多機會學習接生，而且機器孕婦和嬰兒會記錄接生者的處理是否合宜。

制與軍隊安全等因素，希望能有隱匿性高的機器人，得以進入沙漠與岩壁擔任偵察任務。

模仿自然　還差得遠

　　「科技技術打造仿生物外型已經做到，但要做到仿生物的完全功能仍然十分困難。」林其禹分析，這是因為人類使用的材料科技落後自然太遠。「人類想要模仿自然，卻無法做出如同自然一樣的材料。」

　　瑞士聯邦理工學院「以生物為師機器人研究組」組長奧克・揚・

艾斯皮爾特在他所發表的文章中提醒，「演化」有發展引擎之稱，但未必具有效率，科學家應該突破既有系統的限制，或許能發現比自然更好的解決方案。

 # 人與機器溝通不易

　　台灣科技大學智慧型機器人研究中心主任林其禹表示，仿生機器人是指機器人研發的仿生物功能，「觀察生物的腦波訊號，可以理解許多重大問題」，如果把這樣的研究投注在機器人發展，想要創造出具有大腦思考能力的機器人，還必須借助人工智慧與生物智能的不同專業，同時更必須要設法建立良好的人機介面。

　　「人機介面，就是人與機器溝通的介面」，林其禹強調，人機介面是很難建立的。因為，人與人溝通很容易，但是人要叫機器人去做事卻很困難，原因在於「機器人聽不懂人話」，簡單的程式雖可以完成簡單的行為，但若是要達成複雜細膩的動作，必須強化各項系統的設計與整合。

聲控不簡單，各人「語意」大不同

　　林其禹舉例，想用聲音控制機器人，光就「語意」部分就有操作上的困難，因為每個人的聲音強度不同，「同樣一句話，不同的人講就有不同效果」，現在做出來的機器人還無法辨識語意中細微的差

異。

　　成功大學先進智慧型機器人與系統實驗室主持人李祖聖教授表
示，除了「聲音」感應器設計上不容易外，要研製很多可以辨識人
臉、認出主人的機器人，主要的「視覺」辨識技術，很容易受到光線
亮度、陰影、色系差異的影響，要即時正確地辨識出主人也是難度極
高的技術。

腦波複雜　人工造腦難及

　　台大機械工程系助理教授林沛群指出，「仿生可以分成元件、系
統與材料三個面向。」例如由美加地區四所大學合作研發的六足機器
人RHex與柏克萊大學研發的壁虎機器人Stick bot，都藉由學習生物運
動行為，發展出靈活的行動的機器人，這過程就是在建置一套仿生系
統。而鼠腦機器人戈登的腦部開發，則側重在仿生元件的研究。

　　林其禹表示，以往人類會經由創造「類神經網絡」，嘗試理解生
物思考運作的邏輯，但現在科學家利用鼠腦的自然腦部網絡組織，直
接研讀腦波訊號，無須再創造新的架構，還可以取代模擬大腦的浩大
工程。

　　但他也強調，生物的腦神經仍然十分神祕與複雜，即使我們開始
探索自然智慧與打造人工智慧，但並不表示已經能夠創造大腦。目前
人類只能由大腦研判出一到二成的訊息，而這些訊息內容也僅是簡單
動作與淺層意識，想要設計出能縝密思維與動作準確度高的機器人，
囿於現行技術，機器人文明社會的產生仍有一大段路要走。

必學單字大閱兵

robot　機器人
Robotics　機器人學
Artificial Intelligence 人工智慧

autonomous robot 自主式機器人
humanoid robot 人形機器人

21

chapter 22

米勒畫的羊 為何全朝同方向？

地球磁場

◎李承宇

最近有科學家從衛星拍的地球照片中意外發現，成群的牛羊的身體會和地磁軸平行。

　　如果你連上網路，打開Google Earth這個電腦程式，搜尋一下全球的大草原或大型牧場的空照圖，你可能會發現散布在這些地方的牛隻影像，大部分身體都會朝向地磁的南極或北極。

身體朝地磁南北極

動物地磁說

牛吃草和鹿睡覺時，都有把身體與地球磁場南北軸平行的傾向。歐洲學者9月1日發表此一發現，為動物磁性說開啟新領域。

牛和鹿

地球南（北）極磁場

☑ 學者研究了8510張牛和鹿的衛星空照圖

☑ 不管是吃或睡，這些動物都會面朝地磁南極或北極

其他動物

☑ 已知鳥類、海龜、鮭魚都靠地球磁場指引遷徙、迴游的方向。

☑ 囓齒類動物和一種蝙蝠體內也有羅盤般的地磁感知能力。

地球磁場

地磁南極（與地球軸心偏斜15度）

地理北極

磁力線

地理南極

地磁北極

路透

資料來源：加州聖荷西州立大學、印地安納大學

這是一篇刊登在《美國國家科學院院刊》上的研究，歐洲的動物學家在檢視全球308個牧場以及平原地區的Google Earth空照圖中的8510頭牛後所發現的現象；他們也在捷克的225個地點，2974隻鹿的影像中，發現相同的結果。

這些動物學家表示，雖然空照圖的解析度無法仔細分辨這些大型哺乳類動物在吃草或休息的時候，頭究竟朝向地磁南極或地磁北極，不過大部分的身體確實與地磁軸的方向一

致；他們也發現，在非洲以及南美洲的牛會比較偏「東北－西南」方向。

動物感知能力靈敏

這群科學家推測，這種現象有可能代表大型哺乳類動物對地球磁場也會有感應。在此之前，學者已經發現鳥類、烏龜、蜜蜂、蝙蝠等動物對地球磁場會產生感應。

台灣大學獸醫系副教授吳應寧指出，動物的感知能力確實都很靈敏，而動物行為主要是受心理與生理兩大因素的影響，牛在吃草及休息時身體會朝向地磁南北極，是否真的是大型哺乳動物的「正常動物行為」，還須經過長時間的實驗觀察才能斷定。

族群死亡與大滅絕　大不同

前台大地質系教授魏國彥解釋，「恐龍死亡」與「恐龍大滅絕」是不同的。地質學者與古生物學者對生物演化有「均變論」與「災變論」兩種看法。「均變論」認為地球演化中的種種改變，是由緩慢漸變的微小變化造成。「災變論」認為地球上的生命進程曾多次被大災變事件打斷。學者也利用統計方法，分析從寒武紀之後的六億多年，曾經發生過五次大規模的生物滅絕。

用最舒服狀態覓食

台北市立動物園動物組組長趙明杰說，牛羊等大型哺乳類動物在

大草原上覓食或休息的時候，會讓自己處於「最舒服的狀態」。牠們的覓食習性是：以最容易的採食方式，花最少的力氣，在最不受外界干擾的狀態下，吃到最多的食物。所以牛如果在吃草時，會讓自己處於受風面最小的位置。

他認為大型哺乳類動物的確有受地球磁場影響的可能，如果這個發現屬實，有可能是牛在順著地球磁場的方向時，「感覺比較舒服」。

趙明杰也指出，學界已經發現鳥類的遷徙有一部分是靠地球磁場的「導航」；同理，地球磁場也有可能會影響牛、羊、鹿等哺乳類動物的「方向感」。

方向感引導領域性

雖然這些大型哺乳類動物沒有長距離遷徙的需要，但是動物都有領域性，會用腺體、排泄物來劃分勢力範圍，這時候方向感就對動物很重要。趙明杰說，科學家觀察到了這種現象，或許可以假設地磁與大型哺乳類動物的方向感有關，但是其影響程度有多大，是主要原因還是輔助性質，須進一步探究。

他指出，在大草原或放牧場等大範圍的牛羊比較需要方向感；而圈養在小範圍內的家畜，由於草料都有固定的位置、活動範圍也小，所以相較之下受地磁「導航」的需要不是這麼大。

師大地理系副教授陳哲銘則對這個實驗的研究工具提出質疑。他指出，Google Earth的影像只保證是在三年內的衛星影像或航照圖，地圖上呈現的每個地方拍攝的時間都不一樣，且不同區塊的解析度也不同。

研究者可能只找到看得清楚的牛隻影像，但是忽略了地圖上解析度較低地區的狀況，在統計研究上可能並不符合隨機抽樣的原則，「不過這的確是以前沒看過的有趣現象」。

陳哲明認為後續研究應該針對不同品種的牛、畜養以及放牧的牛，或其他大型動物進行實驗比較，找出其中的因果關係或可能的影響因素。

科學知識家
沒羅盤、GPS 候鳥從不迷航

鳥類，尤其是候鳥，在遷徙時的方向感自古以來，就讓人類感到很不可思議，在沒有羅盤、也沒有GPS定位的情況下，這些動物是如何進行長距離的遷移而不會迷路？台北市立動物園動物組組長趙明杰說，鳥類遷徙時辨別方向的機制主要有三種：視覺定向、天體導航，以及地球磁場。

鳥類可以根據陸地上的地形地貌，像是海岸線、山脈、河川等地標，透過視覺觀察來決定方位。趙明杰說，這種視覺定向的方法，是「菜鳥向老鳥學來的」，靠的是經驗、記憶。這種方式比較適用於短距離、白天的飛行。

長距離、夜間的遷徙行動，鳥類就需要日月星辰的輔助。研究顯示，鳥類會利用太陽、北極星等天體來導航。而鳥類的生理時鐘也會

不斷調整太陽及星辰與其遷徙路徑之間的角度，讓牠們能始終沿著一定的方向飛行。

天氣不好的夜間，鳥類要依賴對地球磁場的感應來定位。動物學家曾經在某些鳥類的腦部發現過氧化鐵的顆粒，過氧化鐵就是磁鐵，這些細小顆粒可能就是讓鳥類可以感應地球磁場的關鍵。

曾經有研究者在海鷗的頭上裝干擾磁鐵，發現其定向機制會被破壞；也有人在家鴿的頭上戴上電池和線圈，用電池改變電流通過線圈的方向，進而影響鴿子對磁場的感應。實驗結果發現，在有太陽的晴天，鴿子都還能藉觀察地形順利回巢；但是遇到陰天視野不好時，戴有人工干擾裝置的鴿子就找不到回家的路了。

22

學者這麼說
衛星空照圖 支撐新型研究

「Google Earth就像是世界拼圖」，師大地理系副教授陳哲銘解釋，它是以衛星拍攝的影像以及航拍空照圖等來源「拼成全世界」。

一般而言，學術研究不會以此為研究工具，而是直接取得更清晰的衛星影像。

陳哲銘指出，Google Earth的影像並非單一來源，而是許多衛星影像與航照的整合，每一塊「拼圖」的解析度並不相同，通常航拍圖的解析度會比較高，且都會地區也會比郊區高。

三年內影像整合

Google Earth的影像不是即時影像，而是三年內影像的整合，陳哲銘說，由於影像不是最新，也沒有提供圖像拍攝的時間、氣候狀況等原始資料，所以不能當作嚴謹的研究基本資料。

呈現可見光範圍

Google Earth呈現出來的圖像都是可見光的範圍，也就是人眼能夠看到的顏色，有些研究需要不同頻率光譜的資料，像是精緻農業要知道哪些範圍的作物缺水，這樣的調查就必須使用衛星光譜影像資料，可見光的圖像對這類研究是「英雄無用武之地」。

不過，Google Earth在教學應用上卻是一項「殺手級」的工具。陳哲銘會在學生進行野外考察前，利用Google Earth讓學生在電腦上先「虛擬考察」，也會利用「疊圖」的方式，把考察當地的地質圖、更清晰的航拍圖套疊在Google Earth的底圖上，利用這種「客製化」的地圖，讓學生獲得更豐富的資訊。

陳哲銘舉例說，美國學者曾經設計一個教學主題：在地震頻繁的舊金山，新醫院要蓋在哪裡？他利用Google Earth舊金山的地圖，套疊上美國地質調查所的「斷層分布圖」、「地震震度圖」，以及舊金山人口密度等資料，讓學生經過綜合評估後做出最佳的決策判斷。

GIS式研究方法

這種研究方式也接近「地理資訊系統」（GIS）的概念。台灣大學

流行病學研究所助理教授溫在弘說，GIS是能將地理資料進行儲存、擷取、查詢、展示及分析的系統。使用者將所有資訊輸入GIS中，在一張地圖的不同圖層中檢視各變項間的交互關係。

溫在弘表示，用GIS畫「疾病地圖」也是一門方興未艾的學科，GIS應用在流行病學上，可增加對傳染病疫情控制的效率，更可以解決醫療資源分配的問題。

 # 地磁南北極 ≠ 地理南北極

「地磁南北極」與「地理南北極」並不相同。

「地理南北極」是地理上的正南、正北，是地球上所有經線交匯的兩個點，永遠不會改變；而「地磁南北極」則是一般指南針、指北針指的南北方位，與地理南北極接近。

如果把地球想像成磁鐵，其磁場可能是由液態地核的電流所造成，受到地球自轉等因素的影響，液態地核這種流動的金屬會造成地球磁場變化。地磁南北極間的連線——磁軸，大約與地球的自轉軸呈11.3度的夾角。

指北針會指向北方，就是因為受到地球磁場的吸引，所以指北針所指的北方並不是地理上的北極，而是地磁上的北極，地磁北（南）極與地理北（南）極間夾角的差異，就是所謂的磁偏角。

但是地磁磁極的位置並不固定，每年會移動數英里，而且兩個磁

極的移動彼此獨立，不會正好在地球的兩端。

　　地球磁場會向太空延伸出數萬公里，它可以屏障太陽風所挾帶的帶電粒子；當這些帶電粒子以高速向地球飛來，在還未抵達大氣層時就會被地球磁場的磁力線引開，不會直接撞到地球表面。

　　南北極高緯度地區是地球磁力線最密集的地方，南北極常見的極光，就是帶電粒子受地球磁場影響偏離的軌跡。

必學單字大閱兵

terrestrial magnetism 地磁
mammal 哺乳類動物
pasture 牧場
a migratory bird 候鳥

orientation 定位
resolution 解析度
magnetic declination 磁偏角

chapter 23

實力之外——奧運徑賽冠軍 比鞋強

運動鞋解析

◎楊正敏

　　北京奧運拿下100公尺、200公尺金牌的牙買加短跑名將柏特（Usain Bolt），可說是目前世界上跑最快的人，他的鞋子有什麼祕

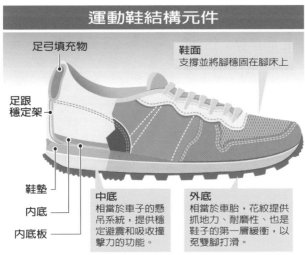

運動鞋結構元件

足弓填充物

鞋面
支撐並將腳穩固在腳床上

足跟穩定架

鞋墊
內底
內底板

中底
相當於車子的懸吊系統，提供穩定避震和吸收撞擊力的功能。

外底
相當於車胎，花紋提供抓地力、耐磨性、也是鞋子的第一層緩衝，以免雙腳打滑。

（摘自Sports and Fitness Equipment Design,by Kreighbaum & Smith）

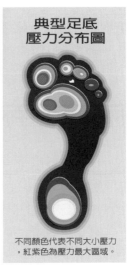

典型足底壓力分布圖

不同顏色代表不同大小壓力，紅紫色為壓力最大區域。

資料來源／相子元

密嗎？

　　台師大運動科學研究所教授相子元說，短跑名將的鞋都是量身訂做的，最重要的關鍵是抓地力，與鞋底的硬度。

　　短跑比賽都是穿釘鞋，釘鞋的釘子分布有很大的學問。相子元說，短跑選手看起來像踮著腳跑步，大腿後側肌肉用力，利用腳掌往下往後挖的反作用力，把人往前推，可說是用腳尖扒土在跑，要靠釘鞋加強抓地力和往下挖的力量。

　　短跑選手的釘鞋，釘子只釘在足底壓力最大的蹠骨。相子元說，在釘釘子前，會先測量選手的足部壓力分布，再根據測得的結果決定釘子的位置，讓選手每一個步伐，都能有效的挖扒地面。

　　相子元說，短跑選手雖然只用腳尖跑，但往下挖時，腳跟也會被帶著往下壓，選手還要花力氣把腳跟往上提，就會拖慢速度。因此短跑的釘鞋鞋底要夠硬，可以支撐住整隻腳，托住腳跟，腳弓的地方也不會彎曲。

　　根據研究，只要能撐住腳跟，每跑一步就可以省0.001秒，選手跑100公尺，大概可以快0.02秒，這樣一眨眼的時間，名次至少差5名，甚至是打破奧運、世界紀錄的關鍵。

不同項目 鞋子的學問也不同

　　相子元說，100公尺和200公尺的鞋子也有些微的不同。100公尺不用跑彎道；200公尺會經過一個彎道，向心力的關係使選手左腳偏往外側，右腳偏往內側，所以會強化跑鞋這些部分，包括加釘子，強化側邊，保持穩定。

　　不少運動都需要選手在場上跑動，但跑動的形式差很多。相子元

說，短跑選手是不會即停煞車的，但像網球、羽球則要前後左右折返跑，就要加強側邊強度。

長距離跑步則是水平方推動，步頻慢，腳在地上的時間長，所以慢跑鞋會比較軟，避震較佳。

跑得快除了鞋子，還有新的材料可幫上忙。南非的短跑選手奧斯卡‧皮斯托瑞斯（Oscar Pistorius）沒有雙腿，靠著高科技開發的複合材料義肢「獵豹」，跑出比正常選手更好的成績，夠格參加北京奧運。相子元說，就是因為這雙義肢像鋼板一樣，把選手施加的力量反彈回來，有助彈跳。

專家這麼說
比賽鞋求彈性 休閒鞋重避震

北京奧運落幕近一個月，但多項賽事打破紀錄仍讓人津津樂道，除了運動員本身的技術表現屢創佳績，運動員腳上穿的鞋子也是功臣之一。

台灣師範大學運動科學研究所教授相子元說，運動鞋的功能一方面要增加運動表現，一方面又要減少運動傷害，但往往魚與熊掌不可兼得。

競賽用的運動鞋，注重增加強手的運動表現，要求著重於選手對外輸出的能量能夠完全運用在運動表現上，也就是鞋底要有較佳的「能量反彈」能力，也就是所謂的彈性。

但一般休閒性質的運動鞋，預防運動傷害反而比較重要，要求運動鞋能減小作用在人體上的巨大衝擊力，也就是鞋底須具有較佳的「避震」能力。

　　通常鞋底愈軟，避震能力會較好，但卻容易造成不必要的能量消耗，踩下去因為避震佳，會有往下陷的效果，還要花力氣拉回來，容易產生疲勞，影響運動表現。且鞋底太軟，會讓踝關節穩定度變差，反而容易造成運動傷害。

　　相子元解釋，「避震」和「彈性」是兩個相反的概念。根據美國材料測試學會的定義，「避震」是指，藉外力作用時間的增長，降低撞擊力峰值。

短跑選手裝上高科技義肢「獵豹」，往往也可以跑出好成績。

　　「彈性」則是希望選手輸出的能量，可以完全應用在表現上，下肢動作需要動能時，鞋底儲存的彈性位能可適時釋放出來。

　　運動鞋的避震原理為「材料避震」和「結構避震」。相子元說，材料避震是用質軟的材料增加撞擊過

程的持續時間，達到避震目的，Nike Air氣墊鞋就是材料避震，利用一定壓力的空氣，產生避震，其他還有吸震膠等。

「結構避震」則是利用結構支撐，增加撞擊過程的變形量，達到避震目的。例如有些鞋子底部是一格格的蜂巢結構，還有一些是拱形結構。

避震基本上就是不可能把運動員輸出的作用力完全反彈回去，運用在運動表現上。相子元說，一般愈能反彈能量的鞋子，愈不具避震效果。

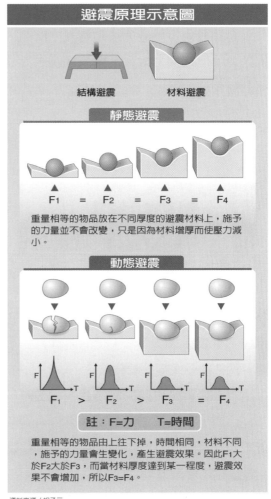

避震原理示意圖

結構避震　材料避震

靜態避震

F1　＝　F2　＝　F3　＝　F4

重量相等的物品放在不同厚度的避震材料上，施予的力量並不會改變，只是因為材料增厚而使壓力減小。

動態避震

F1　＞　F2　＞　F3　＝　F4

註：F=力　　T=時間

重量相等的物品由上往下掉，時間相同，材料不同，施予的力量會生變化，產生避震效果。因此F1大於F2大於F3，而當材料厚度達到某一程度，避震效果不會增加，所以F3=F4。

資料來源／相子元

以排球員的運動鞋為例，為了要求能夠快速彈跳，鞋子底雖很薄，但不會太軟，以免吸收力量，難以快速跳起。但長久下來，還是容易造成運動傷害。

運動鞋還要有抓地力和防滑能力。相子元說，運動鞋的抓地力在提供地表面對身體產生的推動力或反作用力，運動鞋和場地表面間的

摩擦力，關係運動鞋的抓地力。

　　摩擦力大，可避免運動過程中滑倒，且能有效使表面對身體產生推動力；但摩擦力太大，會減低腳的活動性，產生疲勞，易造成下肢運動傷害。

科學知識家
植入晶片 運動鞋 變聰明

　　運動鞋不只設計有學問，更與高科技結合，愈來愈聰明。愛迪達首創在慢跑鞋裡裝入感應晶片，2004年底在美國推出第一款智慧型慢跑鞋，主要訴求為「個人化的避震系統」，可以依個人體重，地面狀況，調整鞋子底襯墊軟硬度。

　　台師大運動科學研究所教授相子元說，這雙智慧型慢跑鞋，2005年在台灣上市，售價兩萬元。它會自動感應路面的狀況，算出理想的避震範圍後驅動馬達調整鞋底纜線。拉緊纜線會使鞋墊感覺變硬；放鬆纜線則可使鞋墊變軟。

　　另一大運動鞋龍頭Nike也開發出一款高科技慢跑鞋——Nike Plus，並與iPod結合。相子元說，鞋子裡埋有晶片與無線傳輸裝置，跑步運動的相關資訊就可以傳到iPod及網路上。

　　跑者可以知道跑了多少距離、消耗多少熱量。而Nike更直接獲得消費者的使用習慣，可以不費吹灰之力，就得到精確的市場調查資料，針對消費者的喜好，開發設計出更貼近使用者需求的慢跑鞋。

23

相子元說，愛迪達也計畫與手機業者合作，開發具有類似功能的商品。Nike也計畫再運用晶片鞋，把資料傳到手錶上。

翻翻考古題
九十七年學測／自然

38.在水平地面上有一球落地反彈又落地，周而復始。前後兩次反彈又落地的過程之最大高度比為1：0.64。假設空氣阻力可以忽略，則下列有關前後兩次反彈又落地過程的敘述，哪幾項正確？（應選兩項）

(A) 最大動能的比例為1：0.64
(B) 「最大位能－最小位能」的比例為1：0.64
(C) 最大力學能的比例為1：0.8
(D) 最大速度量值的比例為1：0.64

必學單字大閱兵

cushioning 避震	plantar pressure 足底壓力
tracking 抓地力	energy return 彈性
stability 穩定能力	slip resistance 防滑

正確答案　38題：（A、B）

chapter 24

空氣阻力 減緩失速電梯的加速度

電梯墜落解析

◎李承宇、曾懿晴

之前在中部一所大學附設醫院的電梯，曾發生在短短5秒鐘內，從21樓如「自由落體」般直墜地下4樓；途中在大約10樓的地方，電梯煞車器曾發揮功效，車廂稍微「卡」了一下。最後是21位乘客兩人小腿骨折，其餘輕傷；當電梯門一打開，赫然發現地下4樓是往生室。

在這種像在遊樂園中，剛玩完「大怒神」，接著又進入「鬼屋」探險的驚悚經驗，電梯中的乘客真有自保的方法嗎？

急墜 非自由落體

台灣大學物理系教授石明豐指出，嚴格來說，這次電梯急墜事件並不是單純的「自由落體」運動。因為這個電梯是單一電梯井中的

台北101大樓當初工程用的戶外電梯高度50層樓高，其高度、速度及載運量都打破台灣工程紀錄。圖／聯合報資料照片／林秀明攝影

電梯車廂，電梯車廂在下降的時候會受到電梯井中的空氣阻力，減緩速度，所以光用自由落體的公式計算，會高估其墜落的速度。

石明豐形容，「就像是把一顆綠豆從吸管上方丟下去」，綠豆會受到吸管內空氣的阻力而減緩速度。同樣的道理，雨水從很高的地方落下，依單純重力加速度計算應會把人打死，但實際上不會發生，也是因為當重力往下的時候，會有空氣形成向上的阻力，當兩個力平衡達到「終端速度」後，雨滴就會呈等速運動。

緩衝時間長　衝擊力小

　　「人不怕速度，而是怕加速度」，石明豐解釋，如果電梯高速墜落，務必使自己在減速的過程中，緩衝時間愈長愈好。他說，電梯著地時的末速度為零，從21樓墜落後，在落地前的初速度減落地後的末速度，除以經過的時間就是加速度；加速度乘以物體的質量，就是該物體所受的力；所以減速至靜止的時間與物體在過程中所受到的力是成反比：減速過程的時間越長，受到力的衝擊就會越小。反之，如果在很短的時間內物體從高速狀態急速減到零，則物體所受到的衝擊會相對增加。

　　汽車構造時會在前端設計一個「壓餽區」，就是在車禍發生時，可以增加緩衝時間，讓汽車不至於「硬碰硬」，造成車內乘客的重大傷亡。石明豐說，有時車子故意不造得太堅固，以免車子沒事，車內的乘客卻可能因衝擊力道過大而受傷；而標榜車身堅固的車子與相對而言較不堅固的車子對撞，前者可能就會把後者當作「壓餽區」，但是堅固的車子撞到像是大卡車、牆壁之類的堅硬物體，恐怕就沒轍了，所以堅固車子內部的安全措施就要做得更周全。

科學知識家
層層關卡 阻擋電梯失速

　　電梯依據大樓樓高、使用人口數、使用目的及機器設置空間等，

會配合不同的結構、速度、載重、主機驅動方式。目前市面上以捲揚式電梯為大宗。

捲揚式電梯是靠著主機索輪與鋼索所產生捲動力量，帶動車廂做上下運動，形同滑輪車原理。鋼索的兩端一端懸吊車廂，另一端懸吊配重裝置。配重裝置可減少鋼索兩端之重量差，使運輸時鋼索兩端重量可近似平衡，減少電動機負擔，增加效率。

崇友公司主任郭啟文表示，電梯運行時，控制系統會藉由速度檢知及位置回饋，使電梯精準的停靠在預定樓層。

郭啟文指出，電梯藉由曳引輪的轉動而帶動鋼索及車廂運行，當電梯靜止或停電時，驅動機的煞車器會緊緊夾住驅動軸，使車廂保持不動。電梯運轉時，限速器的作用在於防止失速，一旦電梯超過設定的速度上限，限速器就會下令讓電梯減速。

電梯失速時，限速器第一段會強制電梯切斷馬達電源及啟動馬達煞車器。若仍無法減速，限速器就會強制車廂側的緊急制動器動作，使電梯緊急煞車。

限速器的的動作原理是靠離心力作用，當限速器轉動越快時，棘輪爪張開角度會越大，當角度大到限定程度時，棘輪爪會先撞擊到電氣開關，切斷控制電路使捲揚機停止轉動。

若仍持續失速，限速器上的棘輪爪末端角度會張得更大，勾住棘輪凹槽，使限速器的鋼索突然停止運作。而鋼索連動車廂下方的緊急制動器，會使緊急制動器的楔形煞車塊上移並向導軌靠緊，而發生煞車作用。

若上述安全裝置都失靈，最後一道安全裝置為升降道最下方的緩衝器。當車廂壓到緩衝器上，緩衝器會變形，抵消墜落時的強大動能，減緩車廂內衝擊力。

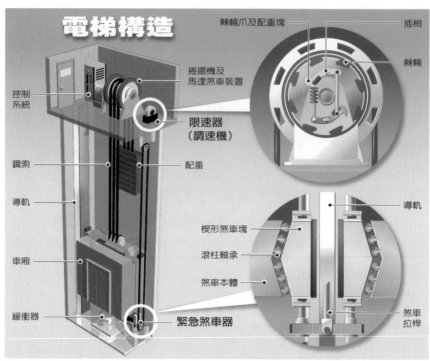

電梯構造

棘輪爪及配重塊　　　插梢

捲揚機及
馬達煞車裝置

控制
系統

限速器
（調速機）

棘輪

鋼索

配重

導軌

導軌

楔形煞車塊

滾柱軸承

煞車本體

車廂

緩衝器

緊急煞車器

煞車
拉桿

資料來源／崇友公司

電梯急墜／自救！

雙膝微彎靠牆 落地勿強開門

　　電梯既然具有多種安全裝置，為何還會造成下墜意外？

　　業者透露，電梯發生失速墜樓主要原因有兩種，第一為鋼索斷裂，第二為電氣控制系統故障。 電梯所使用的鋼索，承載力的安全係數須大於理論值的10倍或12倍以上。且須設置獨立3條以上的鋼索，所以概估每條鋼索的安全係數約為3倍，即使其中一條斷裂，也不至於急

墜。 所以除非人為惡意破壞，電影中鋼索斷裂使電梯急墜畫面，在現實生活中是不可能發生的。

業者指出，若為電梯電氣控制系統故障，可能包括控制系統的電路板IC、煞車迴路、速度或位置檢出裝置故障等。若其中一項電器故障發生，可能會使控制系統誤判電梯當時的速度及高度而下達錯誤指令，如無法正確送出命令訊號或無法啟動煞車系統等，造成電梯失速急墜。

另外，當電梯煞車設計容量不足，或煞車器與導軌間之間隙調整不當，使摩擦力不足導致難以煞車等原因，也可能發生急墜。 業者表示，倘若急墜，電梯內若有扶手，可用手抓住，另外一手應防燈具或玻璃碎片掉落。

如果沒有扶手，可靠牆抱腿蹲下、身體向前微傾。上半身及雙膝應採微彎姿勢，以減緩墜落時強大撞擊力造成傷害。

一旦電梯停止墜落，但難以判斷電梯位置時，也不要在車廂內過度搖晃，避免電梯繼續下墜。

24

必學單字大閱兵

free fall 自由落體
acceleration 加速度
elevator 電梯

a shock absorber 避震器
resistance 阻力

chapter 25

人死留皮變成燒燙傷者新希望

植皮解析

◎施靜茹

佛家曰：「人死後只剩一具臭皮囊」，不過現在人死後皮膚還是可以當寶貝，只要經過處理，可變身成燒燙傷病人的新皮膚。

皮膚是人體最大的器官，總面積達兩平方公尺，大多數人可能只在意膚質好不好？膚色白不白？其實皮膚最重要的功能，是防禦病菌入侵第一道防線，它能捕捉痛覺、觸覺、冷熱，還負責調節體溫、分泌汗液。

【閱讀小祕書】

毛細孔越多 移植成功率越高

「你在看我嗎？你可以再靠近一點！」曾有一個化妝保養品廣告，主打毛細孔緊緻，強調再怎麼近看，都不會毛細孔粗大。

愛美的人只希望毛細孔不要太大，在科學家眼裡，毛細孔多寡，反而是皮膚移植成功的關鍵。

萬芳醫院亞洲皮膚銀行實驗室研究員鄒台黎說，當初在研究豬皮移

皮膚傷害的分類，淺層傷害就像去海邊曬傷，可能紅腫脫皮；二度灼傷會起水泡，深二度則已傷及較深真皮層；三度灼傷則傷到全層皮膚及其皮下組織。

燒燙傷　傷口複雜

北醫大教授、萬芳醫院整形外科醫師王先震說，皮膚燒燙傷是一種複雜的創傷，受傷的中心部位細胞，會因高溫而死亡，細胞內外組織及蛋白質則會變性，並混合形成傷口潰爛與焦痂。

受傷皮膚邊緣部位的細胞，雖不會過熱致死，但常因循環不良及微血管擴張，而造成傷口淤血或水腫現象，使傷口容易遭細菌感染或產生焦痂，而阻礙傷口癒合，嚴重時也會形成皮膚潰爛，功能喪失。

燒燙傷後的處理，傷口用適當的敷料來治療是需要的。馬偕醫院整形外科主治醫師游家孟表示，它能用來覆蓋燒燙傷部位，保護病人

植入膚時，就發現豬皮的毛細孔很特別，是三個毛孔一組，每個毛孔都長有一根毛髮，以三角形狀，規則排列在皮膚上；不像人的毛孔，是一孔一毛分布。

因為豬毛孔較大，移植到人體時，越利於皮下的血管和神經的生長與滲液的排放。由於豬皮有內生性反轉錄病毒（PERV），雖然有文獻認為對人類不致病，但目前萬芳醫院團隊仍在努力研究，希望證明暫時用豬皮治療傷口安全無問題。

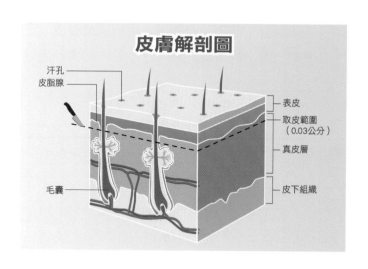

皮膚解剖圖

汗孔
皮脂腺

表皮
取皮範圍
（0.03公分）
真皮層

皮下組織

毛囊

身體蛋白質和體液不會流失，同時促進傷口癒合。

如果找不到皮膚可以覆蓋，臨床上最常以紗布當作敷料，以保護皮膚傷口，排除傷口滲液，不過，往往長出來的新組織和紗布沾黏在一起，撕下紗布的一瞬間，很多燒燙傷病人，都會用「痛徹心扉」這個詞來形容。

所以，皮膚遭受深度燒燙傷，最好是藉由皮膚移植促進傷口癒合，尤其大面積燒燙傷病人，當自己身上的皮膚不夠用時，則須借助他人捐贈的皮膚。

皮庫 台灣還沒有

「在台灣有骨髓庫、血庫，但沒有皮庫，在世界各國均設有皮庫如日本、韓國。」王先震感慨的說，因此在台北萬芳醫院及兒燙基金會捐助下，於萬芳醫院的人造皮膚研發中心成立亞洲皮膚銀行，將捐贈者的皮膚經科學處理與消毒，成為燒燙傷者的新皮膚。

捐贈皮膚需要什麼條件？王先震說，只要捐贈者未罹患Ｂ型及Ｃ型肝炎、愛滋病、梅毒及癌症或嚴重感染等，在往生後48小時內，都可以捐贈皮膚。

取皮 不影響遺體

　　捐贈皮膚，必須經兩到三次的腦死判定，取皮過程中，以電動取皮器，在捐贈者大腿和背部慢慢推取，實際上，只取皮膚的表皮和一點點真皮層，厚度約0.02公分（大腿及背部人皮厚度約0.25至0.4公分），取完傷口後會包紮好，這些部位可用衣物遮蔽，不會影響遺體外觀。

　　「有人以為捐贈皮膚是剝皮，或會變得血淋淋體無完膚！」王先震說，器官捐贈取器官順序是，腎、肝、肺、心，最後才是皮膚，「捐贈者的心臟取出後，已無血循，被取下的皮膚，不太會出血，捐贈者也不會血肉模糊，傷口頂多就像摔跤後不流血的擦傷一樣。」

　　王先震說，國內一年約有150多例器官捐贈，但裡面約只有20多例願意再捐出皮膚，一方面是因為皮膚須另投入金錢做病菌檢查，不少醫院礙於經費限制，不太鼓勵捐贈，再加上國人的觀念不易接受，所以皮膚來源仍然不足。

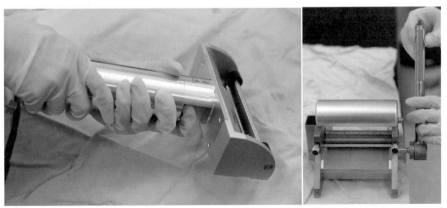

左：取皮器　製造矽膠無細胞皮膚是用這種取皮器，在器官捐贈者身上，取下厚0.3公分的表皮和部分真皮層。
右：輾皮機　往生者捐贈的皮膚經過輾皮機擴張，才能有較多孔隙，方便接受燒燙傷植皮者的血管長得好。聯合報記者鄭超文／攝影

學者這麼說
四種敷料天然ㄟ尚好

　　治療燒燙傷的敷料，分成傳統、生物、人工合成與合成生物性敷料（即人造皮膚）四種。

　　北醫大教授王先震說，傳統敷料以紗布、棉纖為主，吸收組織滲液的效果很好，屬半開放型傷口治療，仍廣為使用。缺點是傷口易結痂，換藥時會造成患者疼痛；且延長傷口癒合時間。

　　生物敷料，指的是產品中含有植物纖維，如細菌絲，豬皮、牛皮、羊膜或人皮等天然材料，與傷口貼合性佳，所以能保持傷口適當濕潤，避免感染；但缺點是，來源取得不易，長期保存困難及排斥，價格昂貴。

　　人工合成敷料與合成性生物敷料，則是以生醫聚合物為材料，或將聚合物與生物醫材結合製成人造皮膚，它較能工業化大量製造，且易於消毒、長期保存、使用方便，近年來使用較多。

　　臨床上常用的人工合成敷料，例如Duoderm, Tagaderm, Aquacel等，對傷口的敷蓋均有特定使用條件與方法。

　　人造皮膚包括Biobrane和Integra兩種進口敷料，兩者黏合性都好。Biobrane可與傷口黏合約3週，但由於生物性材料不足，易被組織溶解而易脫離傷口，使傷口暴露感染，而無法保留生物材料幫助皮膚移植。

　　Intlegra中含有較厚的生物性真皮，能與傷口有較佳的沾黏性，其上層的矽膠表皮移植後2至3週脫落，可在新真皮上做皮膚移植，移植後傷口的抗收縮性佳，但因價格昂貴，限制了臨床上做大面積使用。

再造過程神奇 像做木乃伊

人造皮膚是怎麼製造出來的？台灣亞洲皮膚銀行實驗室研究人員將往生者皮膚再製，過程有如製造埃及木乃伊般神奇。

北醫大教授王先震說：「人造皮膚移植就像一般植皮，也像種韓國草；要長出一片綠油油的草皮，必須先打好土壤的底。」要讓受傷皮膚長出血管、纖維母細胞和膠原蛋白等新皮膚所需的營養，一般需要2至4週。

台灣亞洲皮膚銀行目前研究的人造皮膚，屬於生物性敷料，他們是從1995年的無細胞豬真皮開始，發展至最新的矽膠無細胞人真皮，結構上仿如人體皮膚組織。

台灣是養豬王國，王先震的團隊在1984年，使用來源取得容易且高品質的豬皮，來敷蓋人的皮膚傷口，除了保護傷口也促使傷口早期癒合，但移植豬皮到人的傷口時，卻產生排斥現象。

第一代的人造皮膚是取豬隻0.04公分的表皮和真皮層，移植到人傷口，保護傷口7到10天後就會被排斥，只能用來當作暫時性保護，用在淺二度燒燙傷。

第二代的人造皮膚是無細胞豬真皮，經過浸泡一段時間後，去除角質層及表皮剩下真皮層和膠原蛋白，去除了豬細胞組織，變成一張可用的生物醫材，可當作大比例網狀皮膚移植的傷口上之模板，有助於傷口快速癒合，由於擔心細菌感染，製造無細胞豬真皮，必須在無菌室裡操作。

第三代的人造皮膚是矽膠無細胞豬真皮，將第二代人造皮膚之豬真皮表面再覆蓋一層透明的矽膠，並使用 γ 射線滅菌處理。

將第三代人造皮膚移植於傷口上約2至3週，傷口的血管即可長入

豬真皮內，同時將細菌隔絕在外，此時剝掉表面之矽膠，傷口上呈現出淡紅色的豬真皮，將0.02公分厚的自體皮膚移植於豬真皮上，就可以使傷口快速速合，由於只取了0.02公分厚的人體皮膚，被取皮之部分將於5至7天內癒合，傷痕不明顯，也可重複取皮，由於移植人造皮膚已提供傷口特定厚度的真皮，因此傷口的癒合加快，也較平整。

研究人員在大白鼠身上打麻藥，在其背部製造3乘5公分的傷口後，再移植矽膠無細胞豬真皮，結果皮膚黏合十分緊實。這項研究於2005年發表在國際《燒燙傷》（Burns）期刊。

捐贈的皮膚經處理，便可成為燒燙傷病人長新皮膚的敷料，這張新造皮膚上，毛細孔清晰可見，是留給燒燙傷病人長新皮膚血管的空間。聯合報記者鄭超文／攝影

必學單字大閱兵

desiccation乾燥
wound coverage 傷口敷料
silicone矽膠
acellular非細胞組成的

dermis真皮層
epidermis表皮層
biosynthetic生物合成的

chapter 26

飛安殺手 亂流神出鬼沒

亂流解析

◎陳俍任、楊正敏

1999年華航客機在香港降落時，疑似遭遇強側風翻覆。圖／聯合報資料照片

　　從9月底到10月初，華航在短短一個月內遇到兩次嚴重亂流，一次在馬來西亞上方遇到晴空亂流，一次在曼谷上空遇到高空雲雨亂流，兩次都造成數十名旅客、機組人員輕重傷，讓人聞亂流色變。

　　根據飛安會統計，從1996年到2005年10年間，國際航空飛航事故中，就有近4成是因為天氣造成，全球航班延遲，有六成五與危害天氣（Weather Hazards）有關，每年經濟損失約數10億美元。

6萬呎高空 曾遇過

　　飛安會指出，光2005年，因亂流等天氣造成的飛航事故就有23件，324人死亡，大氣擾動的危害性天氣包括亂流、風切、雷雨、積冰、積雲與低能見度等。

　　亂流則是飛機失事的主因之一，以前的氣象學者認為亂流僅存在對流層中，但氣象千變萬化，大氣中任何地方均可能產生亂流，有時晴空萬里也會遇上，巨型飛機飛過留下的尾流也會造成亂流，連六萬呎以上的高空也曾發現過亂流。簡單說亂流是空氣中混亂的流動現象，發生地無所不在，當飛機飛行時遇到不穩定氣流，使飛機發生強烈顛簸（Bumpiness），甚至失控，這種大氣中小範圍的不穩定對流狀態，就可稱為亂流（Turbulence）。

4大區域 最易中獎

　　民航局長李龍文分析，亂流大致分成晴空亂流、飛機尾流、雲雨

【閱讀小祕書】

亂流強度分4種

　　亂流強度大致可分為輕度 、中度、強烈、極強烈四種，並以重力G力為量測單位，傳統是用瞬間出現的G力為判定標準；人在正常情況下是1G，若小於0.5G則是輕動亂流，介於0.5到1G間則是中度，大於1G則是強烈亂流。

　　但現在越來越多單位是以平均G力判定，小於0.2是輕度亂流，介於0.2到0.3間是中度，0.3到0.6是強烈，大於0.6則是極強烈。

高空亂流、鋒面高空亂流、山岳波與高空噴射氣流六種，根據民航局統計，這些亂流最常「中獎」的區域包括東北亞日本東京灣附近、阿拉伯半島飛往歐洲地區途中、東南亞與南中國海一帶、星馬地區，還有飛往美國經太平洋附近的夏威夷群島一帶，這四大區域最容易遇到亂流。

飛安會實驗室主任官文霖指出，大氣亂流的種類包括熱力亂流與動力亂流，熱力亂流因空氣的水平方向溫度分布不均勻所造成，熱空氣因密度小而上升，冷空氣因密度大而下沉，劇烈的上升與下降所造成之對流運動是產生熱力亂流的主要原因。動力亂流因風力作用，空氣與地表摩擦，或因地形起伏或大氣存在的中尺度風切引起。

他解釋，水氣在空氣中造成對流狀態，不同溫度的氣流，在同高度碰撞就會形成溫度差引起亂流，這就是熱力亂流。另一類是颱風本身就有擾動也會帶來亂流。另外向陽與背陽面因表面溫度不均勻產生的擾流、也會形成亂流，最後是雲頂上原本應該是無風無雨狀態，但因雲下擾流往上也會變成晴空亂流。

但對機上人員來說，如果短暫感覺高度不定，還能行走或杯水輕微搖晃則是輕度亂流。若是飛航狀況仍可控制，但行走有困難，且有物品滑落，則進入中度。

若飛機短暫失控，高度或空速明顯改變，餐車、移動物品滑落，甚至人員受傷則是強烈亂流，最後飛機完全失控，機身可能遭受猛烈拋擲，氧氣面罩掉下。

對旅客來說，會不會遇到亂流與晴空亂流都不是操之在己，但飛行途中盡量繫緊安全帶是在突發狀況時確保自身安全的唯一措施。

怪雲當前　最好避開

　　許多飛行專家也指出，有形的亂流有顯著的雲層，它的成因有二，一是熱力不平衡，即地面受強烈日光照射，低層空氣受熱膨脹上升，上層冷空氣下降，形成對流現象，若潮濕空氣包含其中，則會形成塔狀積雲（Cumulus）。在這類雲層中飛行，會有強烈的亂流，將使飛機發生劇烈顛簸，所以駕駛員最好繞雲而飛，或在其上空飛行。

　　另一種是山岳波，空氣在山的向風面沿坡上升時，風速隨山的坡度而增加，至山頂時最大，通過山頂後迅速下降，產生下降氣流，但在離開山峰約五至十哩的下風處，空氣又開始上升，並形成滾軸雲（Roll Clouds），航行中的飛機最好避免進入裡面。

　　因此所有客機在出發前，航空公司都要派員跟飛行員做天氣簡報，並拿到每六小時更新一次的顯著危害天氣圖、高空風圖、衛星雲圖與預報天氣圖，然後再做航行規劃，提醒避開危害天氣。

赤道附近……大範圍不穩定

　　華航班機在曼谷上空遇到亂流，華航指是因間熱帶輻區南移，在赤道以北的低緯度地區產生積雨雲，並在高空產生不穩定氣流。

下暴氣流之示意圖

暴風雨移動方向 →

冷空氣

下沉氣流

渦流環

抵達地面風速達每小時270公里

向下衝擊

資料來源／飛安會

　　前中央氣象局預報中心主任吳德榮解釋說，間熱帶輻合區大概在赤道附近，氣壓低，氣流會由高緯度流入，在此輻合。間

熱帶輻合區裡有成串的雷雨胞，且會隨著季節南北移動，海面上的間熱帶輻合區極可能生成颱風，是個大範圍的不穩定區。

吳德榮說，間熱帶輻合區裡的雷雨胞，就是積雨雲。悶熱的下午，天上常可見高聳灰暗的雲塊，就是積雨雲，很容易下起午後雷陣雨。積雨雲中有旺盛的上升氣流，每分鐘速度最高可達600公尺，同時也有強烈的沉降氣流，飛機如果飛進積雨雲，很容易上下搖晃。

吳德榮表示，積雨雲的高度可達距地表10多公里的對流層頂，差不多就是國際航線飛機飛行的高度。 飛機上的雷達可以看見積雨雲，但不易判斷內部對流的強弱，飛進去雖有搖晃，但一般閃一下就可以飛過去，不會像晴空亂流引起劇烈震盪。

他指出，飛進積雨雲中的搖晃一開始不會太大，比起突然發生的晴空亂流，會比較有時間提醒旅客繫上安全帶。

科學知識家
核心風速……威力更甚強颱

大部分的亂流可以透過飛機鼻的氣象雷達提前察覺，這時機長會開警示燈，要求乘客繫緊安全帶，但常常在2.6萬呎以上的高空，可能在無風無雨下遇到「晴空亂流」，這類亂流因無法事先預警，一旦遇上常會造成人員受傷亡。

飛安會指出，晴空亂流通常伴隨著噴射氣流或雲頂上的垂直對流造成。且多發生在緯度30到60度間的中緯度地區，這區間對流層上空吹著盛行西風。從海平面到高空，往越高地方空氣密度就越稀薄，當太陽照射地表海洋時，溫度上升，熱空氣往上，冷空氣往下。地球自

轉時，在宇宙間是呈現23度角在轉的，如果盛行西風貼在赤道上吹，當然是正西往正東，若在緯度較高往赤道吹，就變成西北往東南吹，相反若在南緯度地區往赤道吹，就是從西南往東北吹。

噴射氣流是指在中緯度高空西風帶內，一道狹窄、快速、平淺、彎曲蜿蜒的強風帶，當地球自轉時其周遭大氣隨著地球轉動，這就是所謂的噴射氣流，噴射氣流存在的高度和位置每天都不同，但共同的特性是非常強勁而快速的氣流，核心地帶風速最強高達每小時100至250浬（一浬=1.85公里），比強烈颱風還要大一到兩倍的強風速。

所以飛機若由西往東飛，鑽進去噴射氣流搭順風機，飛行速度就會較快、較省油。但一般在噴射氣流北邊，伴有強烈的氣旋形橫向風切，在噴射氣流軸的南邊伴有強烈反氣旋橫向風切，這些強烈的氣旋形及反氣旋形風切的所在亦都伴有垂直風切，就會形成晴空亂流。

此外雲頂上的垂直對流，也會變成晴空亂流，也就是飛機巡航在2.6萬呎以上高度時，此高度看以無風無雨，但雲頂下其實有不穩定氣流。晴空亂流就是發生在晴朗無雲或有卷狀雲好天氣中的亂流，機上的雷達無法測出它的大小和位置，氣象觀測也難發現它的存在。

飛安會指出，晴空亂流目前最頻繁的三個區域為日本東京灣附近、美國洛磯山脈附近與中南美洲。

必學單字大閱兵

jet stream噴射氣流

clear-air turbulence晴空亂流，簡稱 CAT

turbulence亂流

mountain wave山岳波

wake vortex尾渦

考生的最佳祕密武器！　　聯合報教育版‧策劃撰文

得高分、搶分必看！

最受好評的聯合報教育版「新聞中的科學」專欄！

新聞中的科學——大學指考搶分大補帖
命中2006年大學指考物理、化學、生物三科共計57分！

時事＋科學新知＝大學指考大熱門！
‧王建民好厲害！他的伸卡球怎麼投的？
‧為什麼每隻乳牛的花斑都不一樣，而每隻貓熊的花斑都一樣？
‧幫小娃娃保存臍帶血，長大了他就不用害怕大小病變嗎？
‧有了GPS，我們真的不會再迷路了嗎？

新聞中的科學2——俄國間諜是怎麼死的？
命中2007年大學學測自然科48分！

命中範圍並擴及英文、數學及社會科！
‧釙210怎麼殺死俄國間諜？
‧左旋C為什麼能讓人變得更美麗？
‧預防地震災害，謎底居然在麥芽糖裡面？
‧核能發電，功率比不上火力發電廠？

新聞中的科學3——指考搶分大補帖
命中2007年大學指考物理、化學、生物三科共計89分，生物單科52分！

‧兵馬俑渡海來台，不行走也能造成轟動？
‧貓空纜車風光啟用，超深塔柱竟是關鍵？
‧澎湖西嶼柱狀玄武岩引起軒然大波，特殊地形如何形成？
‧林口羊群被不明動物咬死，是小白做的好事？

新聞中的科學4——指考完全滿分
命中2008年大學指考自然科44分！命中範圍並擴及社會科及英文科

‧德國小北極熊雪花，被熊媽媽叼在嘴裡，卻一直掉下來，是被虐待嗎？
‧小螞蟻從101高樓丟下，卻完全無恙？
‧地球暖化，融冰的北極卻迅速成為世界各國爭奪的對象？
‧市面賣的海洋深層水，完全是包裝與行銷？

每冊定價／頁數：＄330／224頁

★ 有了《新聞中的科學》，這些科學上的觀念，讓你不但知其然，更能知其所以然！

國家圖書館預行編目資料

新聞中的科學5：指考搶分祕技／聯合報教
育版策劃撰文. --初版. --臺北市：寶瓶文
化, 2010. 02
面；　公分. --(catcher；37)
ISBN 978-986-6745-98-0（平裝）

1. 科學　2. 通俗作品
307　　　　　　　　　　　　　99000968

catcher 037

新聞中的科學5──指考搶分祕技

策劃撰文／聯合報教育版

發行人／張寶琴
社長兼總編輯／朱亞君
主編／張純玲・簡伊玲
編輯／施怡年
美術主編／林慧雯
校對／張純玲・陳佩伶・余素維
企劃副理／蘇靜玲
業務經理／盧金城
財務主任／歐素琪　業務助理／林裕翔
出版者／寶瓶文化事業有限公司
地址／台北市110信義區基隆路一段180號8樓
電話／(02) 27494988　傳真／(02) 27495072
郵政劃撥／19446403　寶瓶文化事業有限公司
印刷廠／世和印製企業有限公司
總經銷／大和書報圖書股份有限公司　電話／(02) 89902588
地址／台北縣五股工業區五工五路2號　傳真／(02) 22997900
E-mail／aquarius@udngroup.com
版權所有・翻印必究
法律顧問／理律法律事務所陳長文律師、蔣大中律師
如有破損或裝訂錯誤，請寄回本公司更換
著作完成日期／二〇〇九年十二月
初版一刷日期／二〇一〇年二月二十五日
初版六刷日期／二〇一一年十二月二十三日
ISBN／978-986-6745-98-0
定價／三三〇元

Copyright©2010 by UNITED DAILY NEWS
Published by Aquarius Publishing Co., Ltd.
All Rights Reserved
Printed in Taiwan.

愛書人卡

感謝您熱心的為我們填寫，
對您的意見，我們會認真的加以參考，
希望寶瓶文化推出的每一本書，都能得到您的肯定與永遠的支持。

系列：Catcher037　　**書名：新聞中的科學5──指考搶分祕技**

1. 姓名：＿＿＿＿＿＿＿＿＿　性別：□男　□女

2. 生日：＿＿＿年＿＿＿月＿＿＿日

3. 教育程度：□大學以上　□大學　□專科　□高中、高職　□高中職以下

4. 職業：＿＿＿＿＿＿＿＿＿

5. 聯絡地址：＿＿＿＿＿＿＿＿＿＿＿＿＿＿＿＿＿＿＿

   聯絡電話：＿＿＿＿＿＿＿＿　　手機：＿＿＿＿＿＿＿＿

6. E-mail信箱：＿＿＿＿＿＿＿＿＿＿＿＿＿＿＿＿＿

   □同意　□不同意　免費獲得寶瓶文化叢書訊息

7. 購買日期：＿＿＿ 年 ＿＿＿ 月 ＿＿＿日

8. 您得知本書的管道：□報紙／雜誌　□電視／電台　□親友介紹　□逛書店　□網路

   □傳單／海報　□廣告　□其他

9. 您在哪裡買到本書：□書店，店名＿＿＿＿＿＿　□劃撥　□現場活動　□贈書

   □網路購書，網站名稱：＿＿＿＿＿＿　　□其他＿＿＿＿＿＿

10. 對本書的建議：（請填代號　1. 滿意　2. 尚可　3. 再改進，請提供意見）

    內容：＿＿＿＿＿＿＿＿＿＿＿＿＿＿

    封面：＿＿＿＿＿＿＿＿＿＿＿＿＿＿

    編排：＿＿＿＿＿＿＿＿＿＿＿＿＿＿

    其他：＿＿＿＿＿＿＿＿＿＿＿＿＿＿

    綜合意見：＿＿＿＿＿＿＿＿＿＿＿＿＿＿＿＿＿＿＿＿

11. 希望我們未來出版哪一類的書籍：＿＿＿＿＿＿＿＿＿＿＿＿＿＿＿＿＿

讓文字與書寫的聲音大鳴大放

寶瓶文化事業有限公司

（請沿此虛線剪下）

廣　告　回　函
北區郵政管理局登記
證北台字15345號
免貼郵票

寶瓶文化事業有限公司　　收

110台北市信義區基隆路一段180號8樓

8F,180 KEELUNG RD.,SEC.1,

TAIPEI.(110)TAIWAN R.O.C.

（請沿虛線對折後寄回，謝謝）